Contents

図解工場ガイド 2

これだけは知っておきたい基礎知識

溶接材料の基礎知識　　コベルコ溶接テクノ株式会社　金子　和之　　30

アーク溶接機の基礎知識　　　株式会社ダイヘン　長谷川　慎一　　36

アーク溶接ロボットの基礎知識　　　パナソニック株式会社　佐藤　公哉　　45

抵抗溶接の基礎知識　　電元社トーア株式会社　岩本　善昭　　56

高圧ガスの基礎知識　　岩谷産業株式会社　石井　正信　　63

切断の基礎知識　　日酸 TANAKA 株式会社　青野　直也　　69

安全衛生保護具の基礎知識　　　スリーエム ジャパン イノベーション株式会社　山川　純　　81

研削砥石の基礎知識　　日本レヂボン株式会社　河瀬　浩志　　91

電動工具の基礎知識　　ボッシュ株式会社　吉沢　昌二　　99

これも知っておきたい基礎知識

溶接ジグ機械 編　マツモト機械株式会社　堀江　健一　　106

レーザ溶接 編　コヒレント・ジャパン株式会社　水谷　重人　　110

エンジン溶接機 編　デンヨー株式会社　平澤　文隆　　114

非破壊検査 編　非破壊検査株式会社　篠田　邦彦　　118

クレーン・ホイスト 編　株式会社キトー　　122

広告索引（五十音順）

㈱アシスト・ワン	23	㈱ダイヘン	16
岡安産業㈱	25	電元社トーア㈱	15
カミマル㈱	25	デンヨー㈱	表3
㈱神戸製鋼所	表4	東京山川産業㈱	26
三立電器工業㈱	19	日酸 TANAKA ㈱	表2
鈴木機工㈱	26	日東工機㈱	21
㈱鈴木商館	22	マツモト産業㈱	24
精工産業㈱	27	㈱ユタカ	18
大陽日酸㈱	17	ワーナーケミカル㈱	20
㈱タセト	23		

鉄骨工場

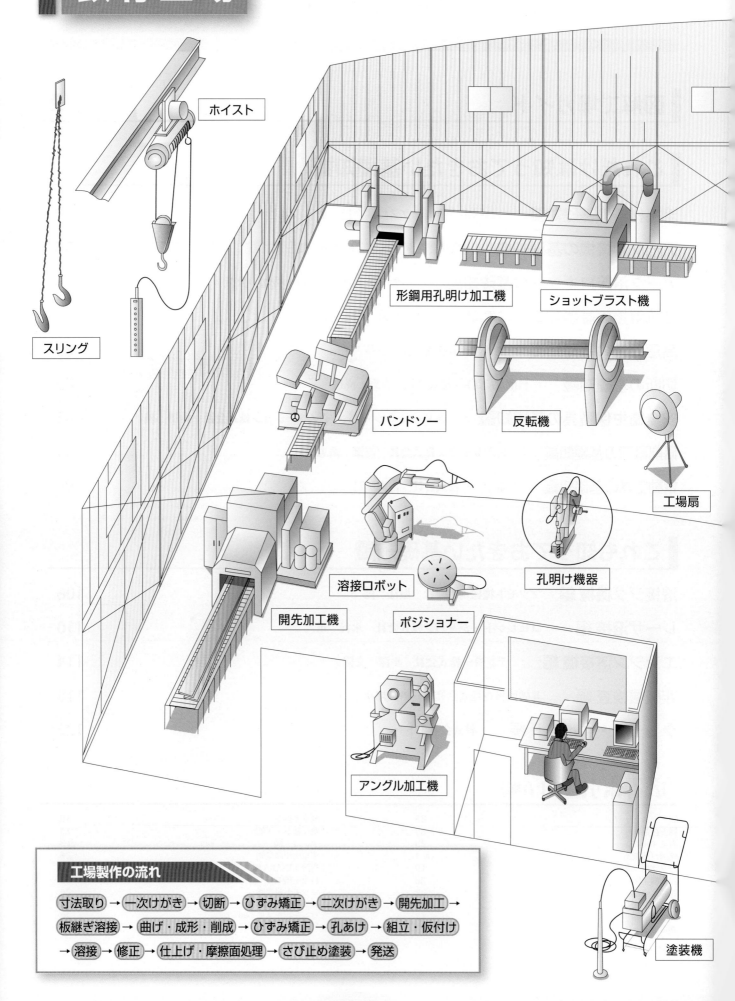

ホイスト

スリング

形鋼用孔明け加工機

ショットブラスト機

バンドソー

反転機

工場扇

開先加工機

溶接ロボット

ポジショナー

孔明け機器

アングル加工機

塗装機

工場製作の流れ

寸法取り → 一次けがき → 切断 → ひずみ矯正 → 二次けがき → 開先加工 →
板継ぎ溶接 → 曲げ・成形・削成 → ひずみ矯正 → 孔あけ → 組立・仮付け
→ 溶接 → 修正 → 仕上げ・摩擦面処理 → さび止め塗装 → 発送

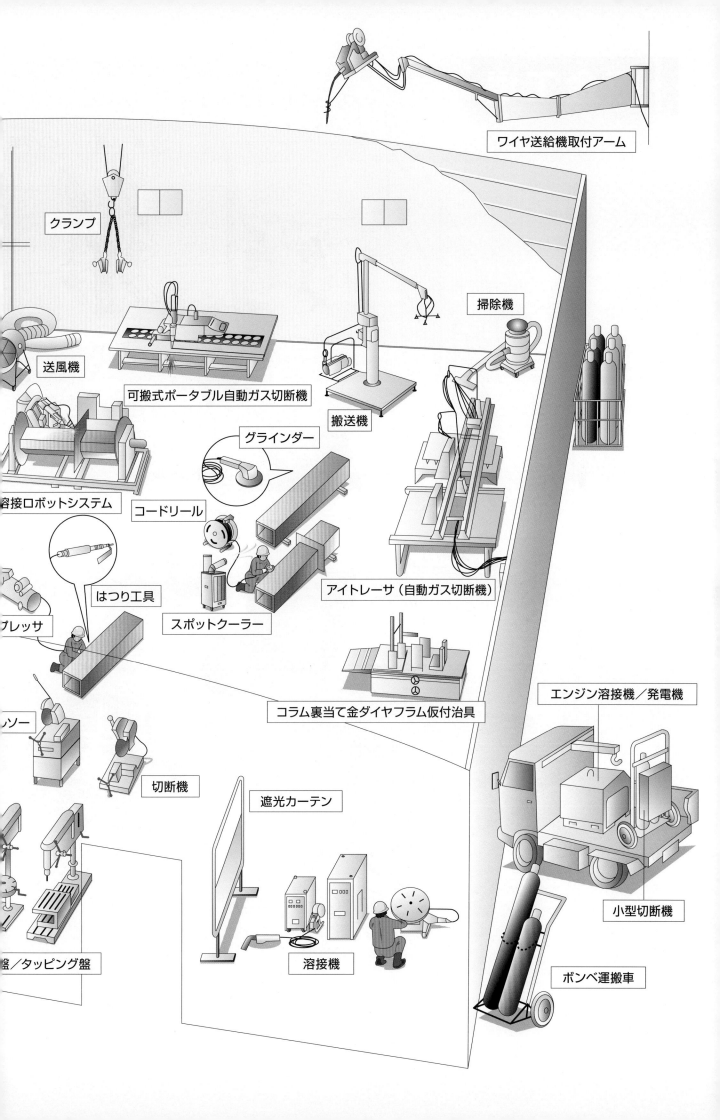

ワイヤ送給機取付アーム

クランプ

掃除機

送風機

可搬式ポータブル自動ガス切断機

搬送機

グラインダー

溶接ロボットシステム

コードリール

はつり工具

アイトレーサ（自動ガス切断機）

プレッサ

スポットクーラー

コラム裏当て金ダイヤフラム仮付治具

エンジン溶接機／発電機

ソー

切断機

遮光カーテン

小型切断機

盤／タッピング盤

溶接機

ボンベ運搬車

板金工場

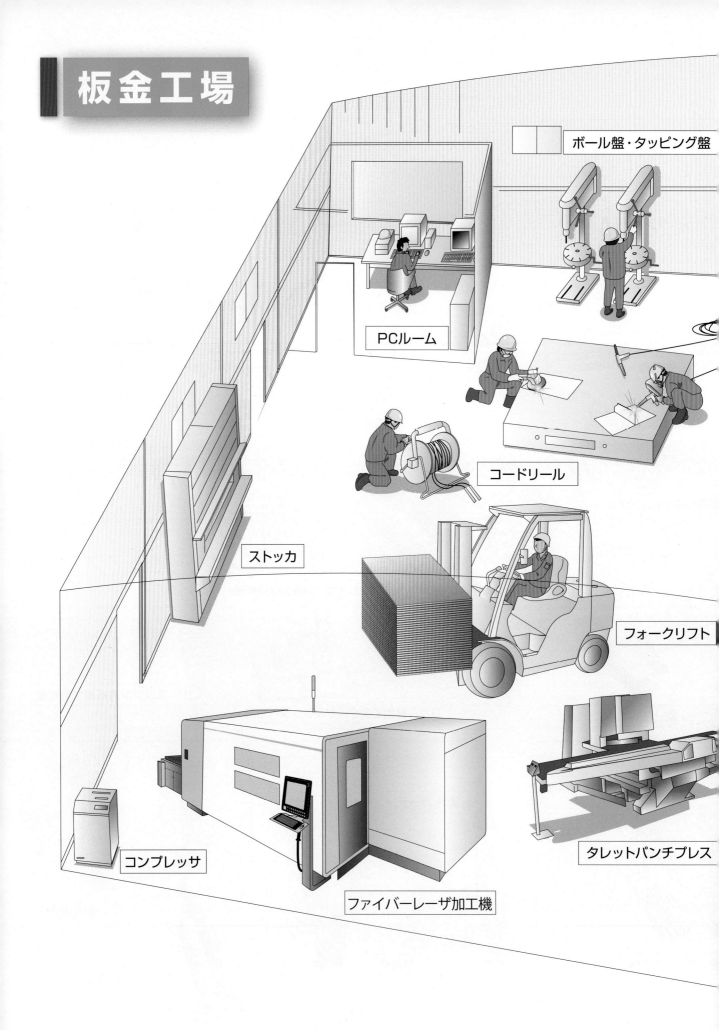

ボール盤・タッピング盤

PCルーム

コードリール

ストッカ

フォークリフト

コンプレッサ

ファイバーレーザ加工機

タレットパンチプレス

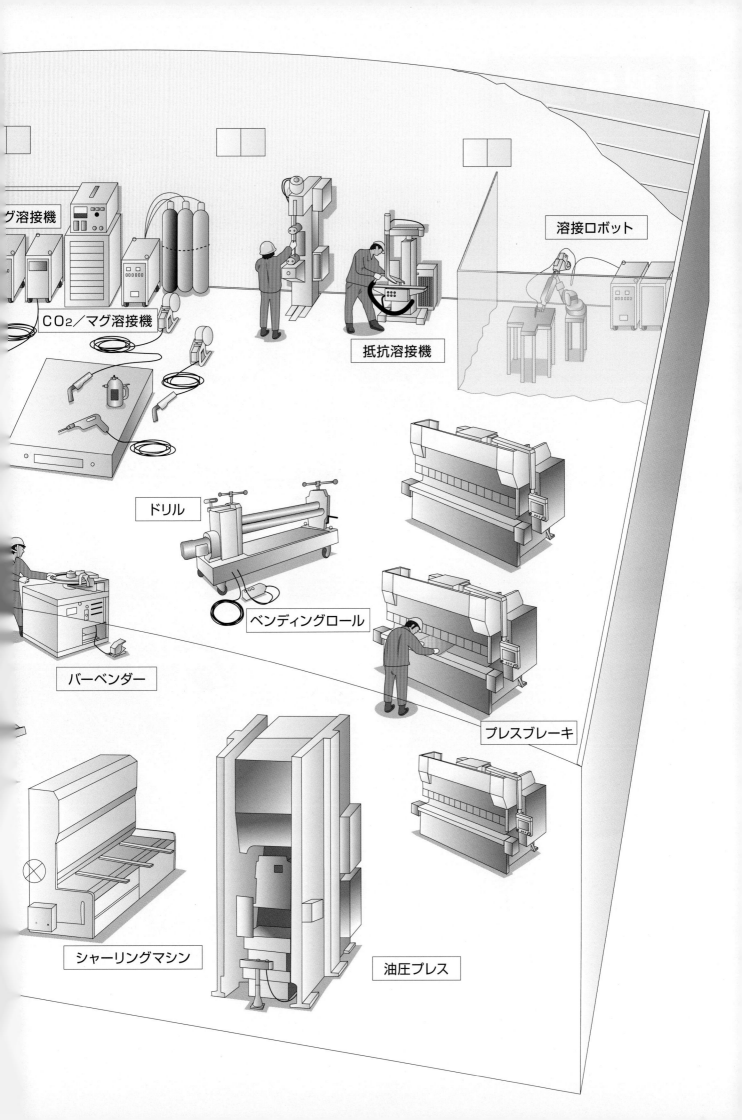

グ溶接機

CO₂／マグ溶接機

溶接ロボット

抵抗溶接機

ドリル

ベンディングロール

バーベンダー

プレスブレーキ

シャーリングマシン

油圧プレス

製缶工場

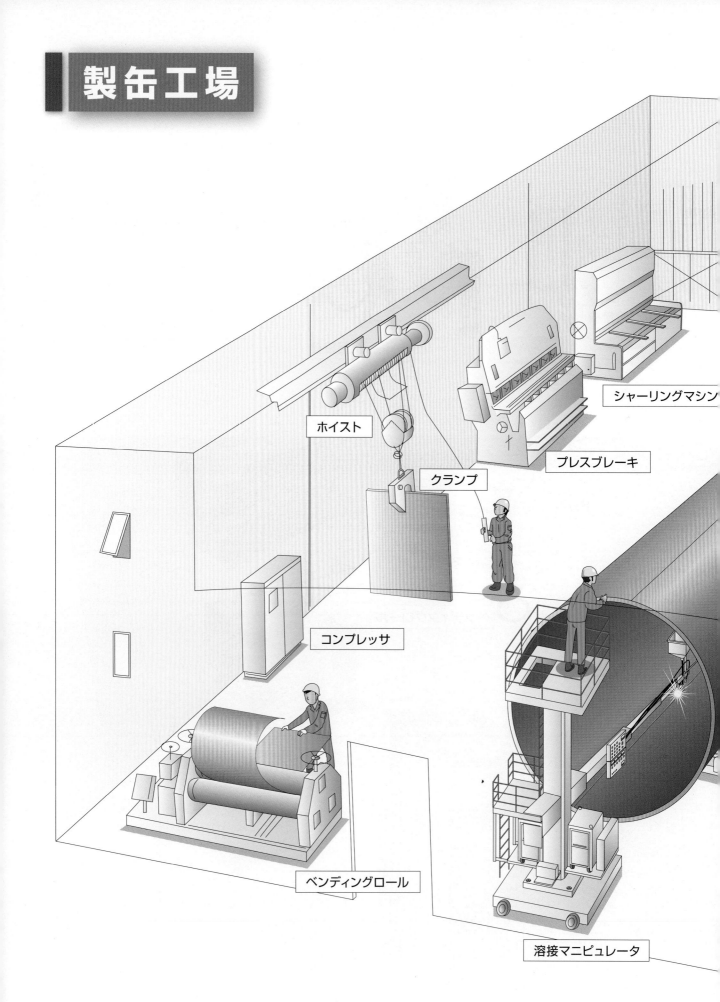

ホイスト

クランプ

シャーリングマシン

プレスブレーキ

コンプレッサ

ベンディングロール

溶接マニピュレータ

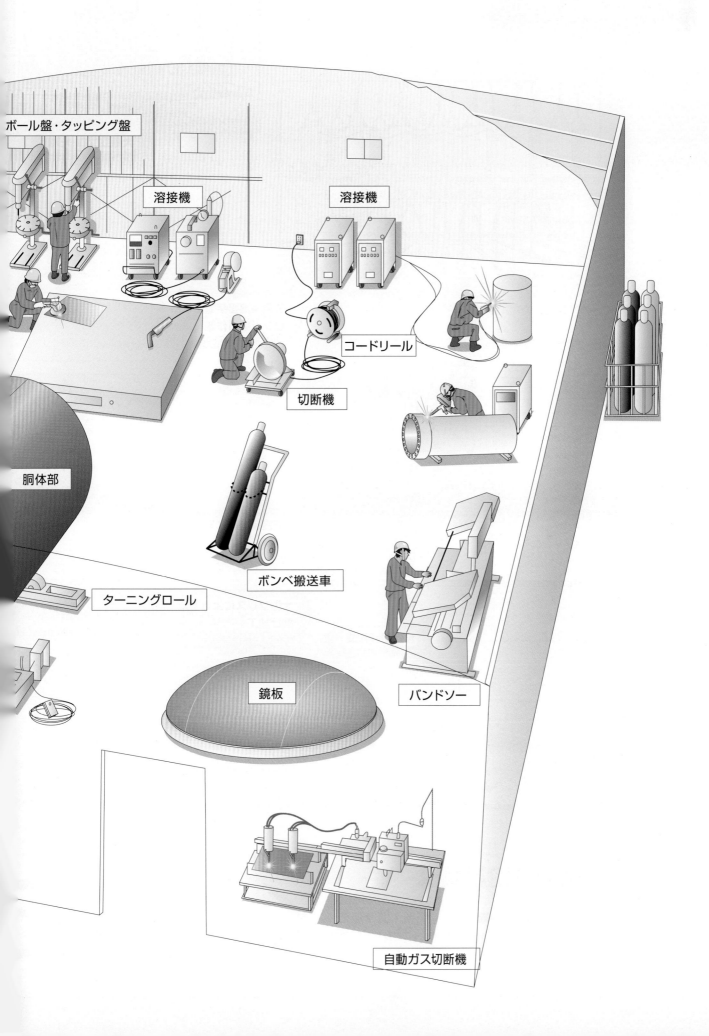

ボール盤・タッピング盤

溶接機

溶接機

コードリール

切断機

胴体部

ボンベ搬送車

ターニングロール

鏡板

バンドソー

自動ガス切断機

造船所

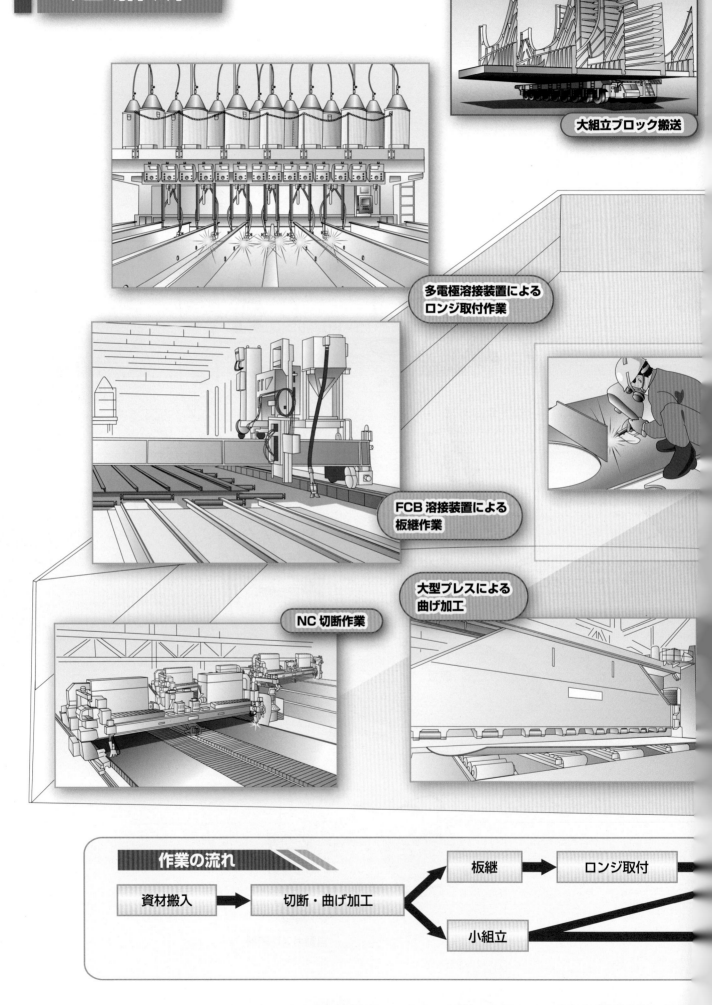

大組立ブロック搬送

多電極溶接装置による
ロンジ取付作業

FCB 溶接装置による
板継作業

大型プレスによる
曲げ加工

NC 切断作業

作業の流れ

資材搬入 ▶ 切断・曲げ加工 ┌─▶ 板継 ▶ ロンジ取付
                      └─▶ 小組立

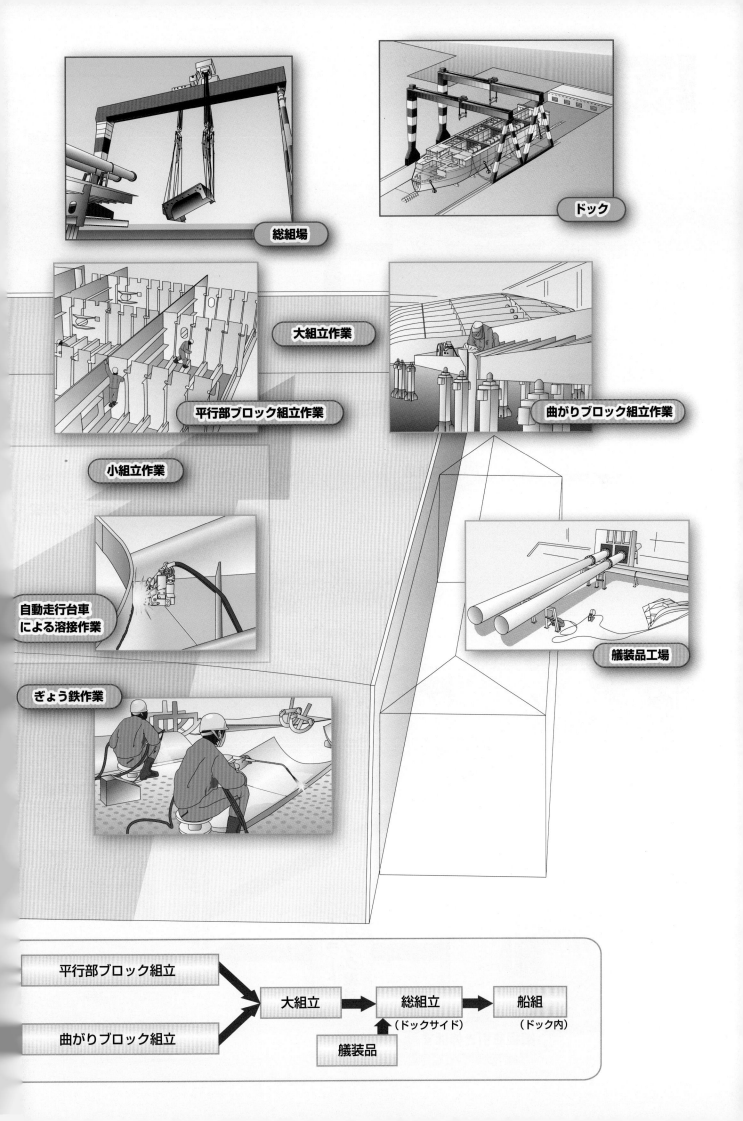

総組場

ドック

大組立作業

平行部ブロック組立作業

曲がりブロック組立作業

小組立作業

自動走行台車
による溶接作業

艤装品工場

ぎょう鉄作業

平行部ブロック組立 → 大組立 → 総組立（ドックサイド） → 船組（ドック内）

曲がりブロック組立 →

艤装品

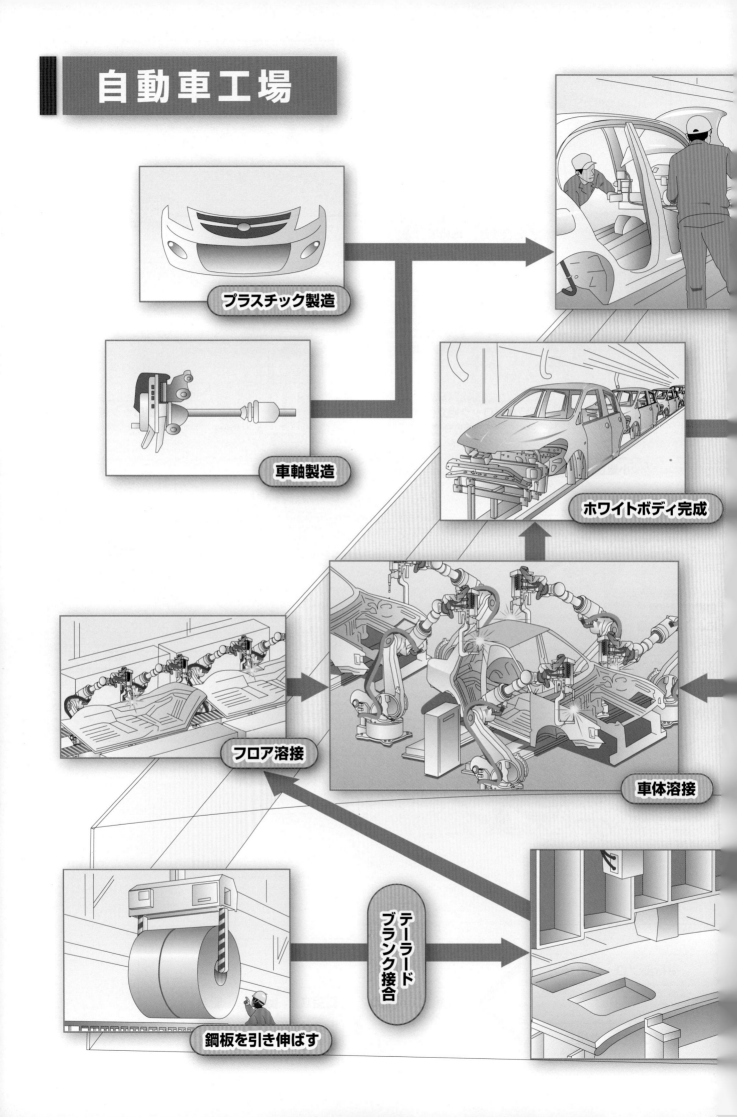

自動車工場

プラスチック製造

車軸製造

ホワイトボディ完成

フロア溶接

車体溶接

テーラードブランク接合

鋼板を引き伸ばす

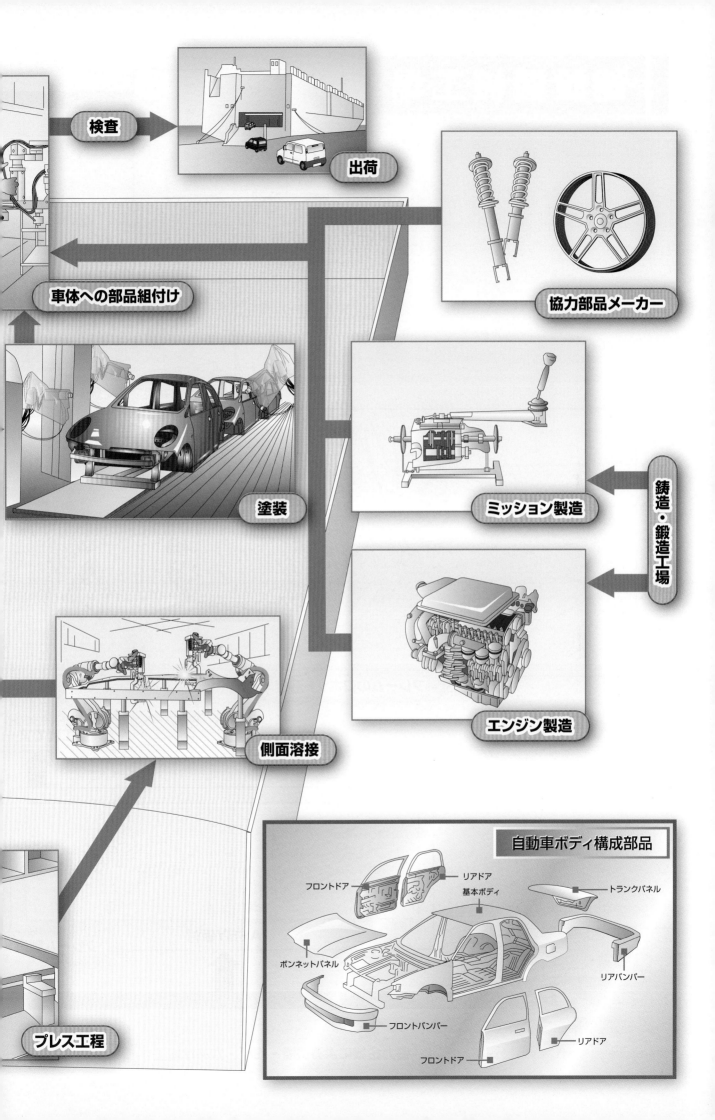

検査

出荷

協力部品メーカー

車体への部品組付け

塗装

ミッション製造

鋳造・鍛造工場

エンジン製造

側面溶接

プレス工程

自動車ボディ構成部品

フロントドア

リアドア

基本ボディ

トランクパネル

ボンネットパネル

リアバンパー

フロントバンパー

リアドア

フロントドア

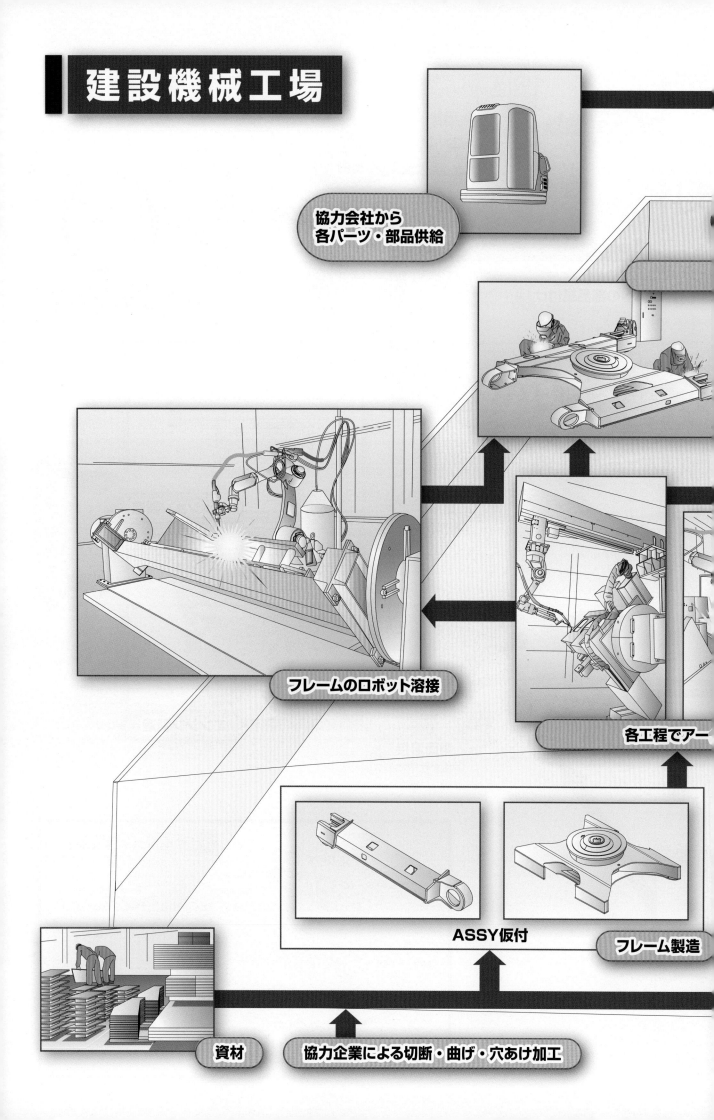

建設機械工場

協力会社から
各パーツ・部品供給

フレームのロボット溶接

各工程でアー

ASSY仮付

フレーム製造

資材

協力企業による切断・曲げ・穴あけ加工

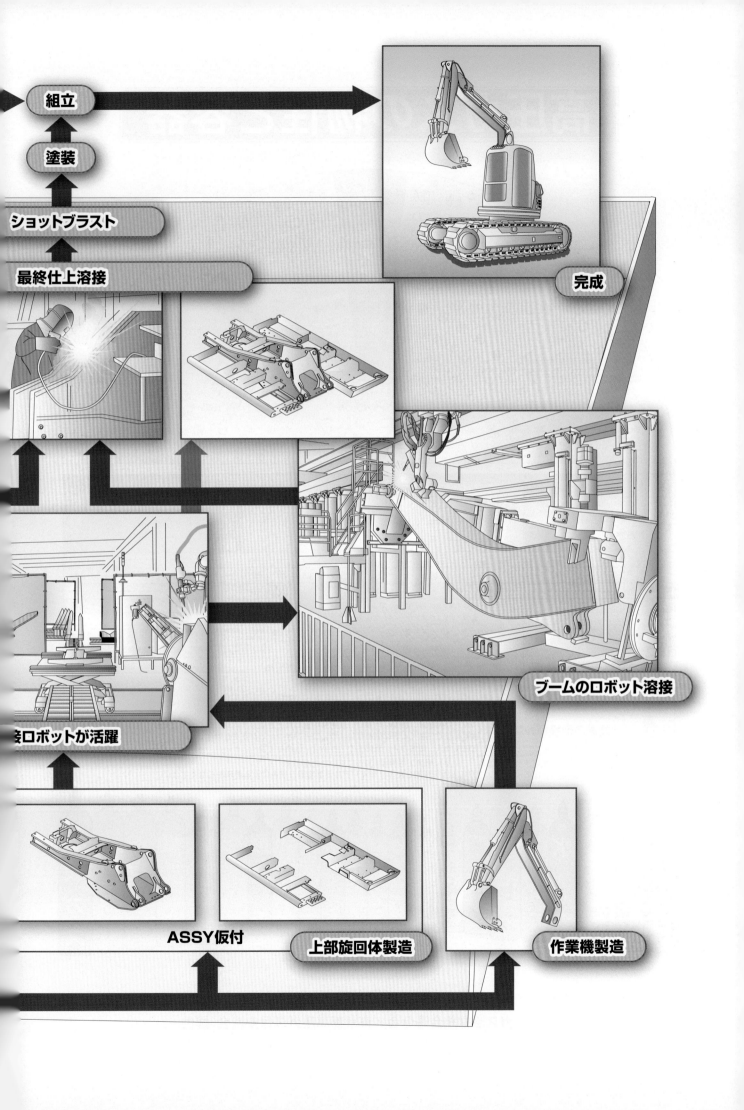

組立

塗装

ショットブラスト

最終仕上溶接

完成

ブームのロボット溶接

接ロボットが活躍

ASSY仮付

上部旋回体製造

作業機製造

高圧ガスの物性と容器

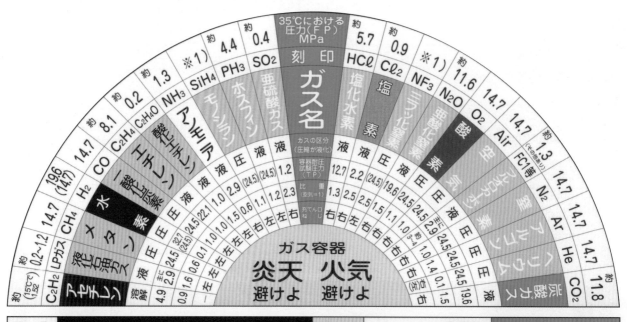

区分	可燃性				可燃性・毒性				自燃性・毒性		毒性					支燃性		不燃性				
ガス名 項目	アセチレン	液化石油ガス	メタン	水素	一酸化炭素	エチレン	酸化エチレン	アンモニア	モノシラン	ホスフィン	亜硫酸ガス	塩化水素	塩素	三フッ化窒素	亜酸化窒素	酸素	空気	フルオロカーボン	窒素	アルゴン	ヘリウム	炭酸ガス
爆発限界 (空気中容量%)	2.5~ 100	1.6~ 11.5	5.3~ 14.0	4.0~ 75.0	12.5~ 70.0	2.7~ 36.0	3.0~ 100	15.0~ 28.0	1.4~ ※2）	1.6~ ※2）	—	—		—	—	可燃 助燃		可燃 助燃				
許容濃度 (ppm)※3）	—	—	—	—	25	200	1	25	5	0.3	2	2	0.5	10	50	—						5000
中和剤	—	—	—	—	—	水	水	アルカリ 水溶液	塩化鉄	アルカリ 水溶液	消石灰又は アルカリ水溶液	けい素と の反応	—									
保護具など	—	—			防毒マスク又は空気呼吸器、保護衣、保護手袋、ゴム長靴、 布類、ポリエチレンシート等、工具類、防災キャップ																	
特 そ 性 の 他 質	容器は 立てて 置くこと	漏れガス は低所に たまる。 ゴム劣化注意	無色・無臭		窒息性	麻酔性	刺激性		刺激性				カビ臭	可燃物と の接触に 注意 麻酔性	油断注意 液化の場 合凍傷注意	液化の 場合 凍傷注意	多量に漏れたとき 酸素欠乏に注意				バルブの 充てん口 (取出口) ネジ左右り	窒息 注意
					ガス漏れに注意し、常に検知を怠らないこと。											液化の場合凍傷注意						
検知	石けん水				石けん水				検知器			アンモニア水・ 検知器		検知器		石　け　ん　水						
注意事項				1. 火気厳禁近くに可燃物を置かないこと。消火器を常備すること。 2. ガス漏れに注意すること。 3. 摩擦熱や空気乾燥時の静電気現象(着火)に注意すること。（可燃性ガスについて）												左項 1. を守 ること。						
	共通の取扱いかた				1. 充てん容器は、常に温度40度以下に保つこと。 2. バルブの開閉は、静かに行ない、使用を中止したときは必ずバルブをしめること。 3. 容器を立てて置くときは倒れないようにロープかクサリなどをかけること。 4. 可燃性ガス、毒性ガス、支燃性ガス容器は、区別して置くこと。																		

注　※1）充てん圧力は充てん量によって異なる。　※2）爆発上限界が100%に近いことを示す。
　　※3）許容濃度の数値は、米国のACGIHの2007年度版を採用した。　※4）アルミ製容器は塗色による表示をしなくてよい。

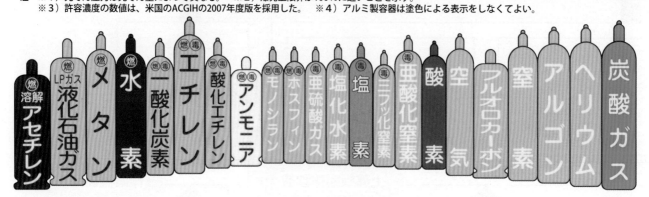

全国高圧ガス溶材組合連合会／東京都高圧ガス保安協会　提供

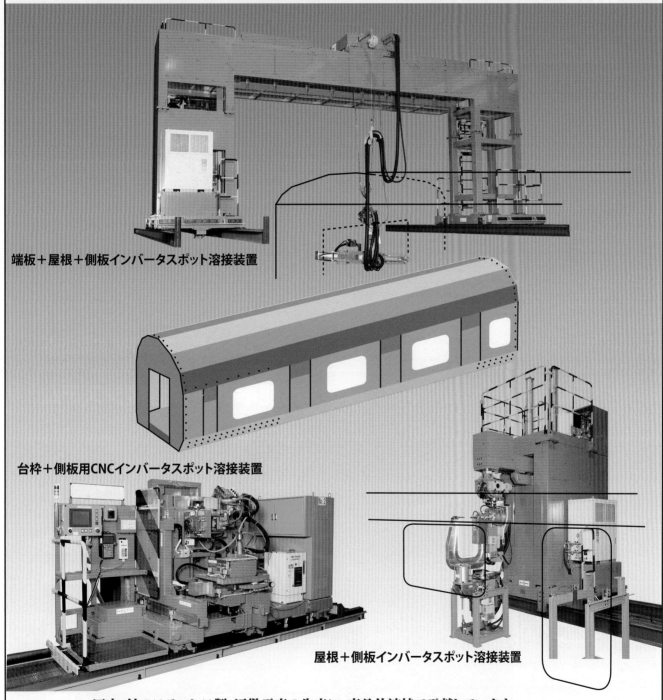

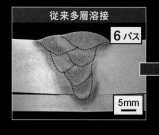
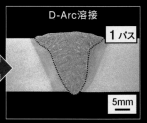

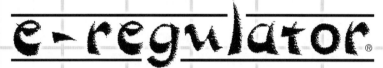

造船、鉄鋼、橋梁など、あらゆる分野において
世界中で高い評価を誇るサンリツの溶接棒ホルダ。
作業現場の効率化を考え続け、愚直にジョイントに拘ってきた我々は
ものづくりの技能伝承の一翼を担うため、これからも日々の研鑽を積んでいきます。

ジョイント ——それは人ともの、人と人がつながる瞬間。

繋ぐはケーブル、結ぶは人。

JIS認証
JIS
C9300-12
認証取得

ケーブルジョイント
[CSシリーズ]

耐熱性・耐候性が大幅にアップ!
従来より3〜5倍の高寿命、ゴムカバー交換コストを削減!
ゴム難燃性試験規格UL94規格V0試験合格

世界初
新JIS認証
認証番号
JE0508028

新JIS認証溶接棒ホルダ
SJシリーズ

絶縁カバーに
特殊ガラス繊維樹脂を使用で、
強度・耐熱がさらにアップ!

 SANRITSU ELECTRIC INDUSTRIAL CO.,LTD. 三立電器工業株式会社

本社・工場 〒551-0031 大阪市大正区泉尾6丁目5番53号 TEL.06(6552)1501(代表) FAX.06(6552)7007
JIS 表示認証 JE0508028(溶接棒ホルダ) JIS 表示認証 JE0510002(ケーブルジョイント) 全国有名溶材商社でお求めください。

Partnership

より強い絆づくりをめざしています。

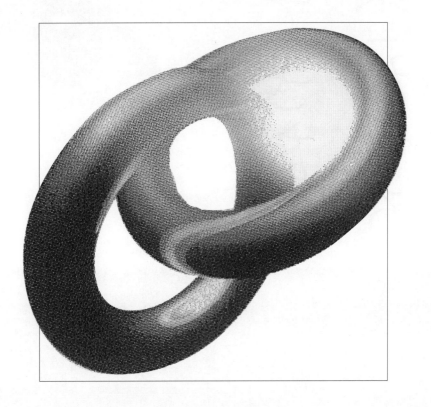

私たちはディーラーの皆様に積極的に新製品情報を提供し、スムーズな市場作りに努め、
常に「相手の立場になって信頼を得る」、この理念に基づき相互信頼を築きたいと考えています。
取引先、仕入先、弊社の三者の絆を深め、市場ニーズを的確にメーカーにフィードバックさせ、
市場へのあくなき挑戦ができるものと確信しております。
これからもより強い絆づくりをめざしてまいります。

日東工機株式会社

見えてきた「水素」が創る未来社会。

鈴木商館は 1905 年の創業以来、日本の高圧ガス産業を支えるパイオニアとしての役割を果たしてきました。水素事業にも早くから乗り出し、超高圧水素機器・配管製作では、永年に亘り多数の実績を重ねています。また最近では、燃料電池式フォークリフト向け水素ステーションの供給も開始しました。このシステムは、太陽光発電により製造した水素を急速充填できるなど、画期的な機能を備えています。私たちは、このような新たな水素事業にも積極的に取り組むことで、水素社会の実現に貢献していきたいと考えています。

 鈴木商館

本社 〒174-8567 東京都板橋区舟渡 1 丁目 12 番 11 号
TEL：03(5970)5555 FAX：03(5970)5560
URL http://www.suzukishokan.co.jp

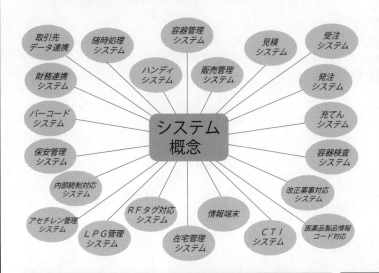

団結

溶接とは、つなぐこと。つながること。
私たちはこのフィールドに心血を注いできた。
人と人も同じ。溶け込み、混じり合うことで強くなる。

MAC Mutual 【相互の・共同の】
Assistance 【援助・助力】
Cooperation 【協力】

信頼のブランド"MAC"
MACはマツモト産業の企業理念に商標にしたものです。
この商標には、製品を売る人、買う人が一体となって時代の
要求に応えていきたいとする願いが込められています。

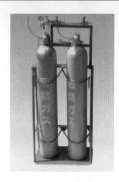
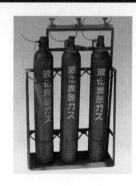

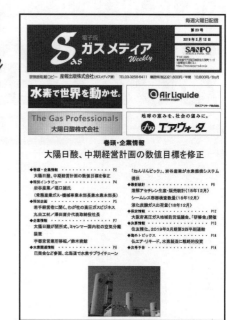

これだけは知っておきたい
基礎知識

溶接材料の基礎知識

金子　和之

コベルコ溶接テクノ株式会社＊　CS推進部CSグループ

1．はじめに

　溶接は，被接合材料に局部的にエネルギーを与え接合する方法である。1801年のアーク発見，1881年のアーク溶接法発明より，様々なエネルギーを用いた溶接法が開発されている。近年では溶接材料はもとより，溶接電源・ロボットも目覚ましい発展を遂げている。

　主要産業である，建築鉄骨・造船・自動車・橋梁・建設機械などでは溶接を用いる。今回は溶接の基本となる材料の選定，代表的な溶接材料，取扱方法を紹介する。

2．溶接材料の選定方法

　最も身近な接合法である接着剤でも，木材・プラスチック・紙・ゴム用と非接着物ごとに多くの種類がある。溶接材料も被溶接物＝母材（鋼材など）に合わせて開発されており，その選定が重要である。溶接が適用できる材料には鉄鋼材料やアルミニウム・チタン等の非鉄金属など，数多くの種類がある。

表1　溶接材料のJISの規格番号（ただし、頭のJISを省略して表記　例:JIS　Z3319 ⇒Z3319）

被溶接材の種類	溶接法／鉄鋼 JISの一例	被覆アーク溶接	マグ溶接・ミグ溶接 ソリッド	フラックス入りワイヤ	エレクトロガスアーク溶接	ティグ溶接	サブマージアーク溶接	エレクトロスラグ溶接
軟鋼・490MPa級高張力鋼	SS400 SM400A~C, SM490A~C SN400A~C, SN490A~C	Z3211:2008	Z3312:2009	Z3313:2009	Z3319:1999	Z3316:2017	ワイヤ Z3351:2012 フラックス Z3352:2017 溶接金属 Z3183:2012	Z3353:2013
570~780MPa級高張力鋼	SM570 SPV490	Z3211:2008	Z3312:2009	Z3313:2009	Z3319:1999	Z3316:20117	ワイヤ Z3351:2012 フラックス Z3352:2017 溶接金属 Z3183:2012	Z3353:2013
耐候性鋼	SMA400A(~C)P SMA400A(~C)W	Z3214:2012	Z3315:2012	Z3320:2012	*2	*1	ワイヤ Z3351:2012 フラックス Z3352:2017 溶接金属 Z3183:2012	*2
低温用鋼（9%ニッケル鋼は除く）	SLA325A(~B), SLA365 STPL380, STPL450	Z3211:2008	Z3312:2009	Z3313:2009	*1	Z3316:2017	*1	*2
9%ニッケル鋼	SL9N520, SL9N590	Z3225:1999	Z3332:2007	Z3335:2014	*2	Z3332:2007	ワイヤ Z3333:1999 フラックス Z3333:1999	*2
低合金耐熱鋼	SCMV 1~4 STPA 20, 22, 23, 24	Z3223:2010	Z3317:2011	Z3318:2014	*2	Z3317:2011	ワイヤ Z3351:2012 フラックス Z3352:2017 溶接金属 Z3183:2012	*2
ステンレス鋼	SUS304, SUS316	Z3221:2013	Z3321:2013	Z3323:2007	*2	Z3321:2013 Z3323:2007 *4	ワイヤ Z3321:2013 フラックス Z3352:2017 溶接金属 Z3324:2010	*2
アルミニウム・アルミニウム合金	A5083, A6N01	*1~*3	Z3232:2009	*3	*3	Z3232:2009	*3	*3
チタン・チタン合金	TP340C TTH340WC	*3	Z3331:2011	*3	*3	Z3331:2011	*3	*3

＊1 溶接材料あるがJISがない

＊2 溶接法の適用実例殆どなく市販されている溶接材料はない

＊3 現状では、溶接法の適用困難

＊4 フラックス入り溶加棒（裏波溶接用）

一般的に溶接金属を含む溶接部には母材と同等以上の性能が要求される。そのため溶接材料は母材に合わせJISが整備されている（**表1**）。

　溶接方法の選定は①製作物の大きさ②板厚③溶接姿勢④溶接長⑤溶接金属の要求性能⑥生産数量⑦工場の溶接設備などから，能率・コストなどを考慮して行う。また溶接材料の選定には，母材のJISを明確にする必要ある。図面や指示書などから鋼材のJISがわかれば，溶接材料の規格は選定できる。しかし，**表1**のJISは基本的な機械的性質・化学成分のみが示され，実際には各溶接材料メーカーの銘柄を決める必要がある。特に，軟鋼・490MPa級鋼用では同規格で数多くの銘柄があり，それぞれ特徴がある。そこで各メーカーのカタログなどで用途・特徴・使用上の注意点などを十分確認する必要がある。

３．主な溶接法について

　代表的な溶接法とその特徴を以下に説明する。

①被覆アーク溶接（手溶接）

　溶接電源と被覆棒のみの構成で，溶接時に被覆剤（フラックス）が溶融しその分解ガスでアークおよび溶接金属を大気から遮断（シールド）するため，比較的風に強く屋外の現場溶接に適する。一方で，能率が低く自動化が難しいこと，技量を要するため日本ではガスシールドアーク溶接への切り替えが進み，今日では全溶接材料の10％程度を占めるのみである。

②ガスシールドアーク溶接法

　ソリッドワイヤやフラックス入りワイヤ（以下FCW）を用い，炭酸ガスやアルゴンなどでシールドをする。被覆アーク溶接に比べ高能率で，連続溶接が可能で自動化に適するため，現在では全溶接材料の約8割を占める。一方で風に弱く，防風対策が必須となる。

　なお，シールドガスに炭酸ガスや炭酸ガスとアルゴンを混合し用いる溶接をマグ溶接，アルゴンなど不活性ガスを単独で用いる溶接をミグ溶接と呼ぶ。

③サブマージアーク溶接法

　フラックスを溶接線に散布しワイヤを供給，母材とワイヤ先端の間にアークを発生させて溶接する。大電流・多電極溶接が可能で，非常に高能率な施工法。ただし，溶接姿勢が下向・横向に限定され，また複雑な溶接線に適用できないため，主に造船・鉄骨・橋梁・造管など，溶接線が長い厚板の溶接に適用される。

④ティグ（TIG）溶接法

　アルゴンなど不活性ガス雰囲気中で，タングステン電極と被溶接物の間にアークを発生させ，母材や溶加材を溶かし溶接する。ビード外観が美麗でスパッタ，ヒューム，スラグがほとんど発生せず，高品質な溶接が可能。反面，能率が低く技量を要する。配管，極薄板，金型や補修溶接などが主な用途である。アルミやチタンなどの溶接も可能である。

⑤セルフシールドアーク溶接

　シールドガスを使用せず，ワイヤ中のフラックスの分解ガスでシールドし溶接する。交流または直流の溶接電源を用い，アーク電圧制御方式により太径ワイヤ（2.4～3.2mm）を用いるものと，ワイヤの定速送給制御方式により細径ワイヤ（1.2～2.0mm）を用いるものとがある。風に強いことから主に屋外での溶接に使用される。

４．被覆アーク溶接棒（被覆棒）の種類と使い方

　被覆棒は，心線と呼ばれる鉄線に鉱石などの原料粉末と，固着剤として使用される水ガラスを混練し均一

に塗布した後，炉で乾燥させ生産する。大別すると，被覆系により低水素系とその他の系統に区分できる。

低水素系以外の系統の被覆棒は，主にでんぷんやセルロースなどの有機物の分解ガスでシールドするが，この分解ガスは溶接部の低温割れの原因となる水素を多く含む。一方，低水素系は，被覆剤に多量に配合される炭酸石灰の分解温度ははるかに高く，高温での乾燥が可能で「拡散性水素量」を更に低減できる。しかし分解温度が高い分，アークスタート直後には十分なシールドガスが発生せず，スタート部近傍にブローホール（ビード表面に開口していない気孔欠陥）が発生する危険性がある。このため，後戻り法（通称バックステップ法）などのスタート方法で欠陥防止対策を行う必要がある。

一方，低温割れの危険性のないオーステナイト系ステンレス用を除き，高強度で溶接部の低温割れの危険性が高い高張力鋼・低合金耐熱鋼・低温用鋼用被覆棒は低水素系である。軟鋼でも，板厚が 20mm を超える場合は低水素系を使用することが望ましい。

代表的な種類の特徴は，以下のとおりである。なお，規格記号の「E」はエレクトロードの頭文字，「43」は溶着金属の引張強さの下限値 430MPa を表している。

1）イルミナイト系（JIS Z 3211　E4319）

被覆剤に 30％のイルミナイト鉱物を含む。日本で開発され広く使われており，アークはやや強く溶込みは深く，全姿勢で良好な作業性を有する。低水素系以外ではX線性能・耐割れ性に最も優れ，溶接作業性重視の［B-10］，X線性能などの性能重視の［B-17］，中間的な［B-14］などがある。

2）ライムチタニア系（同 E4303）

被覆剤に高酸化チタンを約 30％，炭酸石灰などの塩基性物質を約 20％含み，日本で最も多く使用されている。耐ブローホール性以外はイルミナイト系とほぼ同等の性能で，溶込みはイルミナイト系より浅くスラグはく離性も良好。水平すみ肉溶接でビードの伸びが良い［Z-44］と，立向姿勢の作業性が特に良好な［TB-24］などが代表銘柄である。

3）高酸化チタン系（同 E4313）

被覆剤に酸化チタンを約 35％含み，溶接作業性に重点をおいている。溶込みは浅く低スパッタ，美しい光沢のあるビードが得られる。溶接金属の延性・じん性が他系統より劣り，主に薄板溶接に使用される。化粧盛（多層溶接の仕上げ層のみに使用）に適した［B-33］，立向下進溶接の作業性が良好な［RB-26］などがある。

4）低水素系（同 E4316）

高温乾燥で溶接金属中の水素量を低減できるため，厚板や拘束度の大きな部材の溶接に適している。鉄粉添加で高能率の［LB-26］，全姿勢での溶接性に優れ JIS 評価試験用としても定評のある［LB-47］，裏波溶接用の［LB-52U］，溶接競技会用の長尺棒［LB-47・52U　3.2 φ x 450L］などがある。また，開封後の初回乾燥が省略可能な 2kg アルミ包装品［LB-50FT,LB-24,LB-M52,LB-52T］もラインナップされた。なお，特殊系ではニーズの高い亜鉛めっき鋼用の [Z-1Z]（E4340）もラインナップされている。

5．フラックス入りワイヤの使い方

ガスシールドアーク溶接は溶着速度が高く連続溶接が可能なため，日本では主要な溶接法となっている。ガスシールドアーク溶接用には『ソリッドワイヤ』と『フラックス入りワイヤ』の２種類ある。ソリッドワイヤは全体が金属だけのワイヤで,FCW はフラックスが金属の皮に包み込まれている。被覆棒と同様,フラックスを調整することで特徴の異なるワイヤを作ることができる。

軟鋼・490MPa 級鋼用 FCW を大別すると，JIS Z 3313　T49J0T1-1CA-U に分類されるルチール系（ま

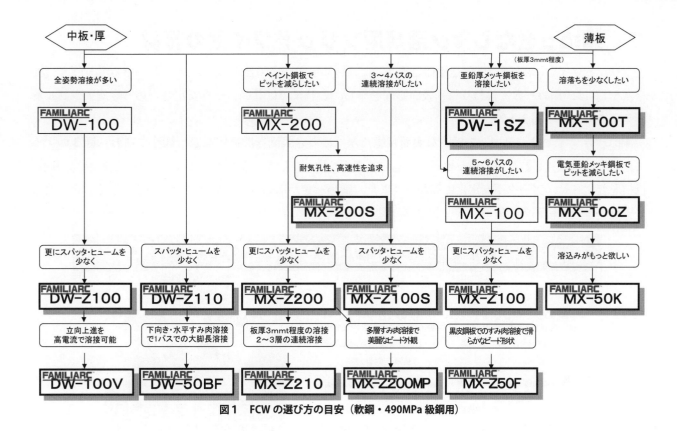

図1　FCW の選び方の目安（軟鋼・490MPa 級鋼用）

たはスラグ系）と T49J0T15-0CA-U に分類されるメタル系の２つがある。ルチール系には，全姿勢溶接が可能な ［DW-Z100］，水平すみ肉溶接でビード形状が良好な ［DW-Z110］，高電流で立向上進溶接が可能な ［DW-100V］，１パスで 10mm 程度の大脚長水平すみ肉溶接が可能な［DW-50BF］などがある。メタル系には，薄板で溶落ちしにくい ［MX-100T］，厚板用で高能率かつ深溶込みの ［MX-50K］がある。またスラグ系には塗装鋼板（プライマー鋼板）で耐ピット性が良好な ［MX-Z200］，更に適用範囲を薄板側に広げた ［MX-Z210］，黒皮鋼板向けすみ肉専用でアークが安定，ビードの止端が揃う ［MX-Z50F］ などもある。

　FCW の選び方を図1に示す。構造物の種類・板厚・溶接姿勢・鋼板の表面状態など使用条件と要求性能から，最適なワイヤを選ぶことが溶接部の健全性，溶接能率・コストの両面から重要である。

6. ソリッドワイヤの種類と使い方

　ソリッドワイヤには，表面に銅めっきを施したタイプと銅めっきをせず特殊表面処理を施したタイプがある。

　軟鋼・490MPa 級鋼用ソリッドワイヤは，JIS Z 3312 に規格化されており，シールドガス CO_2 ／大電流用 YGW11 ［MG-50］，CO_2 ／小電流用 YGW12 ［SE-50T，MG-50T］，Ar-CO_2（混合ガス）／大電流用 YGW15 ［MIX-50S，SE-A50S］，Ar-CO_2 ／小電流用 YGW16 ［SE-A50］ に区分される。

　建築鉄骨用には大入熱・高パス間温度の溶接に使用可能な 550MPa（550N/mm^2）級鋼用 YGW18［MG-56］，またロボット溶接用に ［MG-56R］ がラインナップされている。

　自動車など薄板溶接のロボット溶接では，極低スパッタ技術としてワイヤ送給制御溶接法の適用が進むなか，チップ摩耗によるアーク不安定化に伴う溶接品質悪化が課題となっている。[MG-1T(F)]（YGW12）は特殊なワイヤ表面処理により耐チップ摩耗性を改善し，ワイヤ送給性やアーク安定性に優れる。低スラグタイプの [MG-1S(F)] もラインナップされている。

7. 銅めっきなしマグ溶接用ソリッドワイヤの特徴

　ソリッドワイヤには,通電性と送給性を確保のため銅めっきが必須とされていた。「めっきなしワイヤ［SEワイヤ］」は,銅めっきに代わり特殊表面処理を施し,これまでにないアーク安定性とめっき屑トラブル解消を可能にした（**図 2-1,2**）。

　銅めっきワイヤは一見均一で緻密な表面状態だが,めっき表面を顕微鏡などで観察すると,**図 3** のように鉄の地肌が散見され,銅のめっき層が完全には表面を覆っていないことがわかる。この不連続状態が通電抵抗を変化させ,アーク不安定化に繋がる。また,銅めっきが送給ローラやライナに削られ,めっき屑としてチップや送給経路内に蓄積しチップ融着の原因にも繋がる。

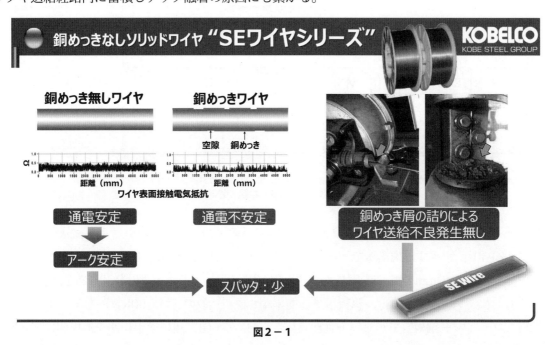

図 2 － 1

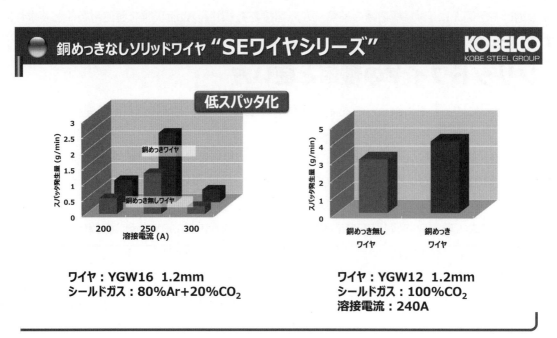

図 2 － 2

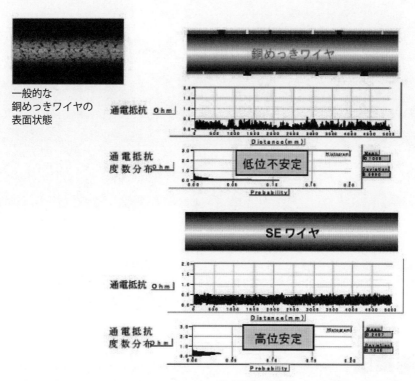

一般的な
銅めっきワイヤの
表面状態

図3　銅めっきワイヤと SE ワイヤの長さ方向断面状態の模式図と表面通電抵抗の測定結果

特に低電流 CO_2 用［SE-50T］（YGW12）や混合ガス用［SE-A50］（YGW16）は低スパッタで，適正条件範囲が広い点などが評価され，自動車などの薄板業界で広く使用されている。

パルスマグ溶接用には，亜鉛めっき鋼板にも使用可能な [SE-A1TS]，高速性・耐アンダカット性・低スラグ性に優れ，ビード形状も良好な [SE-A50FS]，また CO_2 用で亜鉛めっき鋼板用 [SE-1Z] などがある。

8．溶接材料の取扱いについての注意点

溶接材料の性能を発揮させるには取扱いや保管方法が重要である。被覆棒は被覆剤を心線に固着させており，強い衝撃で被覆剤が破損・脱落する。また被覆剤は吸湿するため溶接前の乾燥が重要で，特に低水素系は，その性能を発揮させるために適正温度・適正時間の乾燥が必須となる。ただし必要以上の温度・時間での乾燥は，ガス発生剤が分解し性能を損なうため，乾燥条件の管理も重要となる。銘柄ごとに乾燥条件が異なるのでカタログなどで確認する必要がある。

ワイヤを巻くスプールは合成樹脂製で，衝撃に弱く投げたり落としたりすると変形し，ワイヤの食い込みやスプール割れにより送給困難となるため，運搬時には注意が必要である。

溶接材料の保管には，雨や雪・直射日光などを避けられる屋内で保管し，直接床面に置かず木製パレットに積み，かつ壁からも離す。ただし，外装箱がつぶれるような過剰の積み上げは厳禁である。湿気が低く，風通しの良い場所で保管する，潮風など錆の発生しやすい場所は避ける，などに留意が必要である。

9．おわりに

これらは溶接の世界の入口である。溶接材料や溶接施工に関して疑問点などがあれば，（株）神戸製鋼所溶接事業部門の各営業室，あるいは私たち CS グループまでお問い合わせ頂ければ幸甚である。

＊ 2020 年 10 月 1 日付で神鋼溶接サービス (株) より社名変更

アーク溶接機の基礎知識

長谷川　慎一

株式会社ダイヘン　溶接機事業部

1．はじめに

　本稿ではこれから溶接業界に入られる皆様にとって基本的な溶接法，溶接機器についての紹介を行い，最近のトピックについても紹介する。

2．アーク溶接法

2．1　アーク溶接とは

　様々なエネルギーを利用して金属を冶金的に接合する溶接は「2個以上の部材の接合部に，熱，圧力，もしくはその両者を加え，さらに必要であれば適当な溶加材も加えて，連続性を持つ一体化された一つの部材とする操作」とされており，その接合形態から融接，圧接，ろう接に分類される。**図1**に溶接法の分類を示す。融接の一種であるアーク溶接法は，被溶接材（以降，「母材」）と電極間でアークを発生させ，その高温のアーク熱を利用して母材と溶加材を溶融，接合する方法である。アークとは気体の放電現象の一種であり，身近に見られる例としては『電車のパンタグラフと架線の間で発生する青白い火花』などが挙げられる。**図2**は，アークの発生の様子を示したもので，図に見られるように適切な電源（直流または交流）に接続した2電極に通電した後，これらを引き離すと両電極間にアークが発生する。アーク溶接法の中でも，シールドガスを

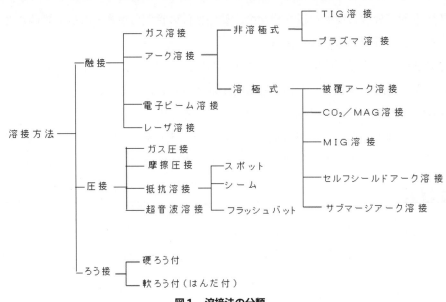

図1　溶接法の分類

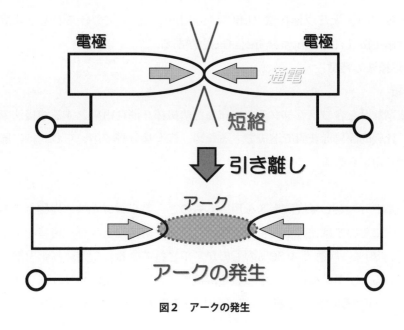

図2　アークの発生

用いて溶接部を大気から保護するガスシールドアーク溶接法は，様々な産業分野において広く用いられている溶接法である。

2．2　シールドガスの種類と役割

　溶融金属中に大気（空気）が混入すると酸素や窒素を多量に吸収し，気孔（ブローホール，ピット）を発生させたり，窒素の影響でじん性が低下するなど，溶接部の品質に悪影響を及ぼす。したがって，アーク熱により溶融された金属やアークそのものを大気から遮断するために，炭酸ガスやアルゴン，ヘリウムおよびこれらの混合ガスが用いられる。これらのガスは溶接材料と溶接法に応じて使い分けされている。シールドガスの流量は溶接法によって異なるが，毎分 10 ～ 30 リットル程度に調整される。溶接を行う場合の注意点として，溶接部近傍の風速が毎秒約 1.2 メートルの風があると気孔が発生する恐れがあるので，特に屋外での溶接には十分な防風対策が必要となる。

2．3　アーク溶接法の基本原理

　ガスシールドアーク溶接法は，**図3** に示すように，電極自身が溶加材となって溶融,消耗する「溶極式」と，電極がほとんど消耗しない「非溶極式」に大別される。溶極式には，シールドガスの種類によってマグ溶接

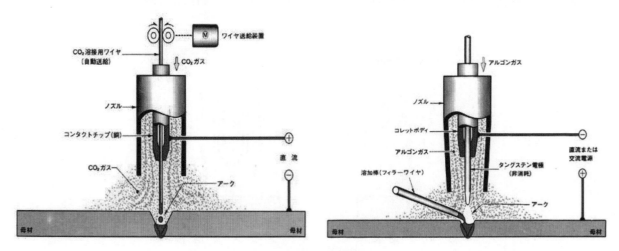

図3　溶極式と非溶極式

法（MAG=Metal Active Gas）とミグ溶接法（MIG=Metal Inert Gas）に分けられる。非溶極式の代表的なものとしては，ティグ溶接法（TIG=Tungsten Inert Gas）がある。

２.４　各種アーク溶接法の特徴

（1）被覆アーク溶接

　芯線にスラグ生成剤などを含むフラックスを塗布した溶接棒を消耗電極とする溶接法である。一般的には手棒溶接と呼ばれ，比較的簡易な装置で溶接できるため，様々な分野で用いられ，特に風の影響を受けやすい屋外での溶接作業で用いられる。

（2）マグ溶接法

　マグ溶接法はシールドガスとして炭酸ガスを用いるものと，アルゴンガスと炭酸ガスの混合ガスを用いるものに大別され，国内においては便宜上前者を炭酸ガスアーク溶接法と呼び，後者をマグ溶接法と呼ぶ。ガスの混合比はアルゴン80％，炭酸ガス20％のものが多用されている。軟鋼，高張力鋼，低合金鋼の溶接などに広く用いられている。マグ溶接法に用いられる溶接ワイヤは，中実のソリッドワイヤと，アークの安定性，スパッタ減少，ビード外観改善を目的に，ワイヤ中にフラックスが入ったコアードワイヤに大別される。

（3）ミグ溶接法

　ミグ溶接法はアルゴン，ヘリウム（または，これらの混合ガス）のような不活性ガス，あるいは，これに酸素や炭酸ガスのような活性ガスを少量添加したものがシールドガスとして用いられる溶接法である。アルミニウムやチタンのように溶接時に酸化，窒化しやすい金属を対象に開発されたもので，その他非鉄金属，ステンレス鋼などにも使用されている。純アルゴンや純ヘリウムなどの不活性ガスでシールドしながら溶接する場合と，ステンレス鋼のようにアーク安定性の面から，若干の酸素を混合して使用する場合がある。

　ミグ溶接を用いると清浄な溶着金属が得られるが，アルゴンが高価であるために，適用される範囲はアルミニウム合金，ステンレス鋼，耐熱合金鋼などが主体になる。

（4）ティグ溶接法

　ティグ溶接法は，アルゴンガス雰囲気中で融点の高いタングステン電極と母材との間にアークを発生させ，そのアーク熱によって溶加材と母材を溶融して溶接する方法である。ワイヤ自身が電極となってアーク熱で溶融する消耗電極式と異なり，電極からの溶融金属の移行がないので，アークの不安定さやスパッタの発生がほとんどなく，きれいなビード外観を持つ溶接が可能となる。ティグ溶接法は，炭素鋼やステンレス鋼，アルミニウム合金，銅合金，マグネシウム合金など工業的に使用されているほとんどの金属に適用できる。

　溶接施工は，材料同士を溶かして接合するティグナメ付け（共付け）溶接と，溶接トーチと溶加棒（フィ

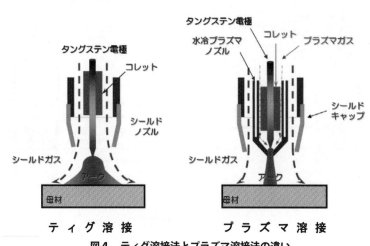

図4　ティグ溶接法とプラズマ溶接法の違い

ラワイヤ）をそれぞれ手に持って行うティグフィラ溶接がある。また，溶加棒を溶接ワイヤに替え自動的に送給する自動ティグフィラ溶接装置や，溶接ロボットにティグ溶接を適用している例などもある。

（5）プラズマ溶接法

　プラズマ溶接法は原理的にティグ溶接法と同じ非溶極式に属する。ティグ溶接との違いは，タングステン電極のまわりに小径の水冷ノズルがあり，電極とノズルの間にプラズマガスを流してプラズマ流を発生させることである（**図4**）。プラズマ流はノズルで絞られることにより，エネルギー密度が高くアーク形状も円柱状に絞られているので，ティグ溶接よりビード幅が狭く歪みの少ない溶接ができる。

（6）サブマージアーク溶接法

　サブマージとは潜水艦のサブマリンから由来している言葉で，溶接線上に散布された粒状フラックスの中でアークを発生させる溶接法である。

　特徴は，太径ワイヤに大電流を流すので，手溶接の数倍から十数倍も能率が良いことである。造船業等の厚板溶接に用いられることが多い。

3．アーク溶接機

3.1　アーク溶接機の基本構成

　一般的な溶接機の基本構成は以下の装置の組み合わせで成り立つ。（**図5**）

○溶接電源

　溶接電源には

①商用電源から直流に変換する装置

②溶接開始から終了までの制御を行う制御装置

③ワイヤを送給するためのガバナ装置

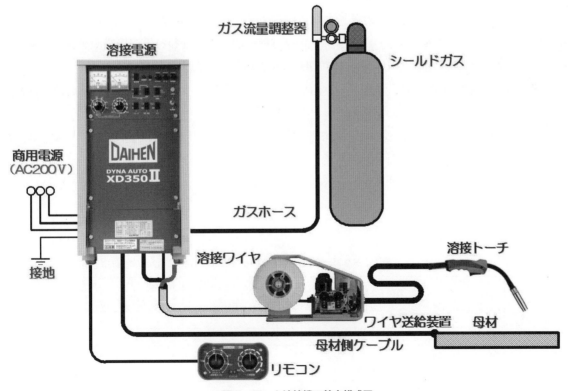

図5　アーク溶接機の基本構成図

など，溶接に必要な中枢部が組み込まれている。

溶接電源は必要とする商用電源によって，単相用，単相／三相兼用，三相用に分かれる。

○ワイヤ送給装置

ワイヤ送給装置は

①ワイヤ送給用モータ

②シールドガス開閉用電磁弁

③ワイヤ搭載用リール

などから構成されており，溶接トーチを接続する。セントラルコネクション方式のトーチを工具不要でワンタッチ着脱できるものが一般的である。

○溶接トーチ

溶接トーチは外側が強いアーク熱に耐える絶縁物で危険のないように保護されており，操作性，ワイヤの送給性，シールド性が重要視されている。最近の溶接トーチはパワーケーブル，ガスホース，トーチスイッチを一体形にしたセントラルコネクション方式のものが使用されており，普及している。

○ガス流量調整器

ガスボンベの出口に取り付け，溶接に必要なガスの流量を設定する。ガスボンベ内の高い圧力を減圧する"圧力調整器"とガスの流量を読み取るための"流量計"などから構成されている。

○パワーケーブル（母材側，送給装置側）

溶接電源とワイヤ送給装置，溶接電源と母材を接続し，溶接のエネルギーを流すためのものである。

○リモコン

溶接電流・電圧を遠隔操作にて変更するための機器である。ワイヤを送給するためのインチングボタンを備えているものが一般的である。

3.2　交流アーク溶接機と直流アーク溶接機

アーク溶接を行うにはアークを発生させる源となる溶接電源が必要であるが，この溶接電源には「交流アーク溶接電源」と「直流アーク溶接電源」がある。アーク溶接法別によく使われる溶接電源を**表1**に示す。

直流アーク溶接電源は商用電源（200 V，50/60Hz）を整流して出力する。

一方，交流アーク溶接電源のうち，被覆アーク溶接やサブマージアーク溶接で使用されるものはほとんどが商用電源を変圧器にて変圧したものをそのまま出力する。

このような交流アーク溶接電源はシンプルな構造で溶接機の価格も比較的安価となるが，溶接時に直流アーク溶接電源と比較して大きな電力を必要とする。

交流アーク溶接電源と直流アーク溶接電源は溶接場所，材料，必要とされる品質によって使い分ける。そ

表1　主なアーク溶接に使われる溶接電源

アーク溶接法	交流アーク溶接電源	直流アーク溶接電源
被覆アーク溶接	○	○
CO2／MAG溶接		○
MIG溶接		○
TIG溶接	○	○
サブマージアーク溶接	○	○

表2　交流アーク溶接電源と直流アーク溶接電源の比較

	交流アーク溶接電源	直流アーク溶接電源
保守性	取り扱いやすく、保守が簡便である	構造が複雑であり、保守が面倒である
アークの安定性	電流の方向が周期的に変わるので、アークが不安定になりがちである	アークが安定しやすい
極性	極性を選ぶことができない	極性を選ぶことができる
価格	安い	やや高い

れぞれの特徴を**表2**に示す。

3.3　サイリスタ溶接機とインバータ溶接機

　CO_2／マグ溶接やミグ溶接，ティグ溶接を行う溶接機には主回路（パワー）の制御を行う素子や方法により，「サイリスタ溶接機」と「インバータ溶接機」がある。サイリスタ溶接機とインバータ溶接機の一般的な特徴を比較したものを**表3**に示す。

　サイリスタ制御電源では，商用交流を変圧器によって降圧した後，サイリスタと呼ばれる半導体素子で整流し直流に変換する。溶接に用いる出力は，サイリスタに導通する時間を制御することによって調整される。制御の速さは商用交流周波数（50/60Hz）に依存する。サイリスタ制御電源は比較的簡単な構造で耐久性にも優れており，造船，建築，橋梁などの業種で中・厚板分野を中心に広く使用されている。

　インバータ制御電源では，商用交流を整流して直流とし，その直流をトランジスタで構成されるインバータ制御回路で高周波交流に変換して変圧器に入力する。降圧された変圧器の出力を再び直流に変換して，溶接電源の出力としている。溶接に用いる出力は，トランジスタに導通する時間を制御することによって調整される。制御の速さはインバータ制御回路の制御周波数に依存し数kHz〜数10kHzとなるため，サイリスタ制御と比較し精密な出力制御が可能となる。この高周波制御によって，応答速度の大幅な向上，変圧器の小型・軽量化，力率の向上および無負荷損失カットによる低入力・省電力化などが長所として挙げられる。また，溶接作業性（アークの安定性，追従性，スパッタ発生の低減，溶接速度の向上など）を大幅に改善することが可能となっているため，高品質アーク溶接機として，自動車，自動二輪車や鉄道車両，住宅建材，建設機械など，自動化が比較的進んでいる業種で普及している。

表3　サイリスタ溶接機とインバータ溶接機の比較

溶接機の種類	サイリスタ溶接機	インバータ溶接機
大きさ	やや大きい	小さい
スパッタ	やや多い	少ない
アークスタート性	やや良好	良好
アーク安定性	やや良好	良好
価格	安い	やや高い
質量	重い	軽い

４．アーク溶接の溶接施工や溶接条件に関する注意点

　良好な溶接を行うためには，適切な条件を設定することが重要となる。適切な条件には様々なものがあるが，大きくまとめると溶接目的，溶接方法，溶接条件の３つに分けられ，これらについて十分に検討する必要がある。

①溶接目的

　溶接施工の目的に応じた前提条件や制約条件となる因子になる。溶接継手，溶接材料，板厚や溶接姿勢などが挙げられる。

②溶接方法

　溶接施工の目的が決まると，溶接方法，溶接材料（溶接ワイヤやフィラワイヤなどの溶加材やシールドガスなど）および溶接機器などの選択が必要になる。それらのビード形成に及ぼす影響についてしっかりと把握しておくことが重要となる。

③溶接条件

　以上の与えられた条件範囲の下で，溶接ビード形状に直接影響を及ぼす因子になる。まずは，基本３要因といわれる溶接電流，アーク電圧（アークの長さ），溶接速度を考える必要がある。良好な溶接を行うには，最適な条件を設定する必要があるが，溶接電源では「溶接電流」と「アーク電圧」を設定する。溶接電流は溶け込みの深さやワイヤ溶融量（溶着金属量）を決めるために設定する。アーク電圧はアーク長を調整するもので，ビード断面形状（溶け込み深さ，ビード幅，余盛り高さ）を整える因子である。溶接速度とはトーチを溶接線に沿って移動させる運棒速度のことで，溶込み深さや溶着金属量を決める因子である。この「溶接電流」「アーク電圧」「溶接速度の」の３条件は，相互に関連し合って溶接結果を左右する重要な要素になる。適性な溶接条件は，使用するシールドガスやワイヤの種類，ワイヤ径，母材の材質や板厚，溶接姿勢，継手形状などによっても変化するため，それらを十分に考慮した上で条件設定を行うことが重要になる。

５．溶接作業時の安全・衛生面での注意点

　溶接作業は高温のアーク熱を手元で取り扱う作業であり，様々な災害が発生しやすく作業者は単に自己の災害だけでなく，周囲への配慮も必要となる。溶接作業で起こりやすい５つの災害と防止策を次に示す。

①電撃による災害

　一般に，電撃による障害の程度は，体内に流れる電流の大きさによって決まる。汗などで濡れた手で帯電部に触れると危険性が増す。更に電撃の危険性は，電流値以外に電撃を受ける時間の長さや体内に流れる電流経路によっても変わるといわれている。各種安全装置により電撃による災害は少なくなったものの，十分な注意が必要である。

（主な防止策）

　　・ケーブル類は絶縁が完全なものを用いる。
　　・電気接続部のボルト締めや差し込みを確実にする。
　　・溶接機の外箱の接地（ケースアース）を確実に接続する。
　　・床などに水がこぼれないようにする。など

②アーク光による災害

　アーク光は，目に見えない紫外線，赤外線を含んでいる。そのため，アーク光を直接見ると目を痛めたり，皮膚を露出していると火傷をすることがある。

（主な防止策）

- ・正しい遮光保護具を着用する。
- ・作業者以外の同一作業場にいる人を保護する為，遮光衝立を設置する。
- ・皮膚が露出しないように着衣する。など

③やけど，火災および爆発

アーク溶接の際のスパッタが飛散したり，不注意でまだ完全に冷え切っていない母材に直接接触するなど，思わぬ火傷をする可能性がある。特に，溶接直後のビードを覗き込むと，スラグが飛散して目に入りやけどや傷を負うことがありますので注意が必要である。

（主な防止策）

- ・保護具（革手袋，前掛け，保護面，保護メガネなど）を確実に着用する。
- ・周囲に可燃物がないことを確認する。など

④ヒュームおよびガスによる災害

溶接作業中に見える煙は，ヒューム（個体微粒子）とガスが混じり合っており，作業者が多量に吸入した場合には，各種の障害を引き起こす可能性がある。

（主な防止策）

- ・局所排気装置をつけるなど，排気・換気を十分にする。
- ・溶接用防塵マスクを使用する。（労働安全衛生規則で着用が義務付け）など

⑤高圧ガス容器の取り扱いによる災害

シールドに用いられるガスは，高圧で容器に充填されている。容器や圧力調整器の取り扱いが悪いと，ガスの噴出や容器の破裂による災害が起こる可能性がある。

（主な防止策）

- ・容器の温度が上がらない場所に設置する。
- ・衝撃を与えたり，転倒させたりしない。
- ・可燃物のそばに保管しない。
- ・容器の口金を損傷しないよう注意する。など

6．溶接電源のデジタル化

デジタル制御技術の進歩を背景に溶接電源のデジタル制御化が本格的に始まり，制御回路の大部分をアナ

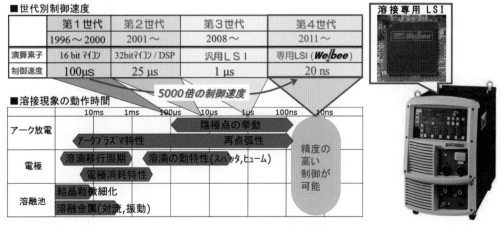

図6　溶接現象の動作時間と溶接電源の制御速度

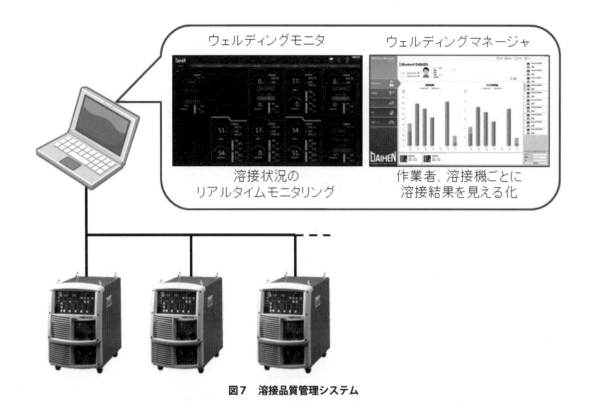

ウェルディングモニタ　　　　　ウェルディングマネージャ

溶接状況の
リアルタイムモニタリング　　　作業者、溶接機ごとに
　　　　　　　　　　　　　　　溶接結果を見える化

図7　溶接品質管理システム

ログ制御からデジタル制御へと変更することによって，溶接条件の再現性向上が大幅に改善されている。

デジタル制御溶接電源の出力を制御する主回路の構成は，従来のインバータ制御電源と同様であるが，ワイヤ送給，シールドガスおよび電源パネル操作や各種センサ信号に基づく動作などの各種シーケンス制御が，マイコンなどの演算素子によってデジタル処理されている。また，マイコンの高性能化に伴い，アーク溶接プロセスに関わる電流波形制御もデジタル制御化（ソフトウェア化）されている。近年，これら演算素子の処理速度向上は目覚ましく，さらに溶接制御に特化した専用演算素子も開発されるに至っており，溶接電源における制御速度の高速化によってアーク溶接現象の中で最も高速とされている陰極点の挙動も制御できるレベルに達する製品も開発されている（**図6**）。

また，記憶データベースも搭載され，その一部はユーザーが自由に書き込み，呼び出しができるように，工夫されている。さらに，通信機能を利用して，外部の制御装置やIT機器と接続することも可能であり，工場内で稼働する複数台の溶接機に対して，溶接作業時の溶接電流・溶接電圧などの他，溶接作業者や溶接ワークなど品質管理上必要となる情報を，1台のパソコンで一括管理できる溶接品質管理システムなども開発されている（**図7**）。

アーク溶接ロボットの基礎知識

佐藤　公哉
パナソニック株式会社

はじめに

　わが国のロボット産業は，現場の生産効率の向上を主目的に 80 年代から急速な成長を遂げ，特に自動車産業を中心に様々な分野で普及が推進されてきた。その中でも 3K（汚い，危険，きつい）の代名詞と言われる溶接現場の自動化には高いニーズがあり，ロボット産業の拡大に大きく貢献している。

　本稿では主にアーク溶接ロボットの特長や最近の動向を業界や用途によって異なるロボットシステムの実例を交えて解説する。

1．溶接ロボットに求められる性能

溶接ロボットに求められる性能としては
●生産性向上
●生産コストの低減
●品質の安定化
●溶接作業者を 3K から解放
●溶接施工履歴の管理
といった項目が挙げられる。

　溶接ロボットが使用される主な溶接法には，アーク溶接やスポット溶接，レーザ溶接がある。アーク溶接は，高熱と有害な紫外線やヒュームが発生する過酷な作業環境で行われ，また，自動車業界で多用されているスポット溶接は重量のあるガンを使用することから産業用ロボットのニーズが最も高い作業の一つである。また，レーザ溶接は有害線であるレーザを扱うことから自動化が強く求められる。

　溶接ロボットの業種別需要は自動車関連が圧倒的に多く，自動車産業が溶接ロボットの発展に大きく貢献してきたと言える。自動車産業で溶接ロボットが多く使われている理由は，ロボットが比較的単純なワークを安定した品質で大量に生産することに適しているからである。反面，ばらつきのある材料や生産数の少ないワークなどに適用するには課題が多く，多品種少量生産のワークへの普及を妨げている。

　しかし，昨今では各種センサやシミュレーションソフト，オフラインプログラミング，さらには VR（仮想現実：Virtual Reality）技術の進歩により，溶接ロボットの不得意としていた精度の悪いワークや一品物のワークに対する適応性が拡大してきている。

2．溶接ロボットの構成

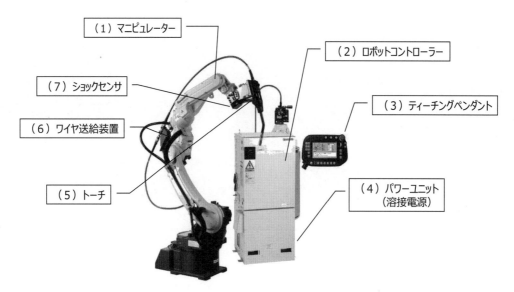

写真1　アーク溶接ロボットの構成（TAWERS）

写真1に溶接ロボットの一例として，当社アーク溶接専用ロボットTAWERSのシステム構成を紹介する。

（1）アーク溶接ロボットのマニピュレーターは，一般的に4kg可搬から10kg可搬のクラスで，6軸の垂直多関節ロボットが多く使われている。最近は複雑な溶接箇所に対して有効な7軸タイプのロボットや1つのワークに対して複数台のロボットを使うシステムもある。

溶接ロボットにはトーチケーブル非内蔵タイプと内蔵タイプがあり，トーチケーブル非内蔵タイプはトーチのメンテナンス性が良く，トーチケーブル内蔵タイプは形状が複雑なワークの溶接に対してケーブルがワークやジグに干渉しにくいという特長がある。

（2）ロボットコントローラーは，ロボットを制御する装置で，動作や作業指令を行うメイン制御部と，モーター駆動を行うサーボ制御部により構成され，外部機器との通信インターフェイスや入出力制御部も内蔵している。一般的にロボットシステムに含まれるあらゆる装置はロボットコントローラーにより制御され，複数のロボットを制御できるコントローラーもある。

（3）ティーチングペンダントはロボット動作のプログラミングを行うためのもので，作業者はティーチングペンダントのキー操作によりマニピュレーターを動かし，動作点を教示してロボット動作を記憶させる。また溶接条件の設定や入出力の命令，プログラムのバックアップやダウンロードなどもティーチングペンダント操作にて行う。

（4）パワーユニット（溶接電源）は，溶接に必要なエネルギーを供給する装置でコントローラーに内蔵されているが，一般的には溶接電源を外付けしたロボットシステムである。

（5）トーチは，パワーユニットからの出力である溶接電流と溶接ワイヤ，シールドガスをトーチケーブル経由で溶接部に供給する。トーチに供給される電流は500Aを超えることもある。大型構造物を対象とした溶接ロボットでは，溶接時間が数十分以上と長時間に及ぶ場合があり，その場合は水冷トーチを使用することが多い。

（6）ワイヤ送給装置は溶接ワイヤを供給する装置である。アルミニウムなどの比較的柔らかい材質の溶接ワイヤを使用する場合は，座屈の発生やワイヤ表面への傷を防止するために送給ローラーの溝形状や駆動方式が工夫されている。

（7）ショックセンサはトーチとマニピュレーターとの間に取り付けられ，トーチがワークなどに接触し

負荷がかかるとロボットが停止する。最近はロボットの駆動モーターにかかる負荷の異常を緻密かつ瞬時にソフトで検知しロボットの動作を止める「衝突検出機能」などにより，さらに干渉時のトラブルが少なくなった。

3．溶接ロボットの種類

　溶接ロボットは溶接法により分類され，構造物の材質や必要な溶接品質によって使い分けられており，次に代表的な溶接ロボットを紹介する。

3.1　CO_2／マグ／ミグ溶接ロボット

　最も一般的に使用されているアーク溶接ロボットが，CO_2/ マグ / ミグ溶接ロボットである。CO_2/ マグ溶接ロボットは，主に鉄系材料の溶接で使用されており最も需要の多いロボットである。ミグ溶接ロボットは，主にアルミニウム合金の溶接に使用され，やわらかく座屈しやすいアルミニウムワイヤを安定して送給するため，ワイヤ送給にプッシュプルシステムが多く採用される。

　また溶接出力の高低2条件を交互に繰り返し出力するローパルス制御や，マニピュレーターのウィービング動作に同期して溶接条件を変更するウィービング同期制御などを使用して入熱制御を行い，継手のGAPや板厚違いの継手に対して良好な溶接結果が得られるロボットシステムもある。

　一般的に，溶接ワイヤを使用した消耗電極式のアーク溶接ではスパッタが発生しその削減が課題となる。当社の TAWERS に搭載している AWP（Active wire feed process）溶接法は，溶接出力の波形制御とワイヤの正送／逆送の送給制御とを融合させ，従来型の溶接法と比較してもスパッタ発生量を大幅に低減させた溶接法である。鋼の溶接だけでなく，亜鉛メッキ鋼板やアルミニウムの溶接においてもスパッタの低減や溶接品質の向上に役立っている。AWP 溶接法の原理と特長を**図1**に示す。

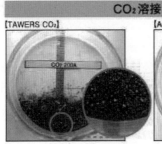

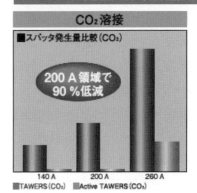

図1　アクティブワイヤ溶接法の原理と特長

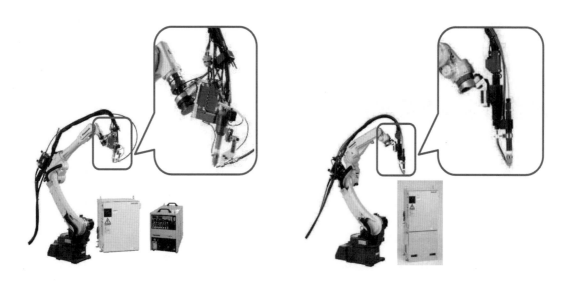

回転TIGフィラー方式　　　　　TAWERS-TIG

写真2　ティグ溶接ロボット

　TAWERS には，溶接箇所の板厚・継手形状・脚長等を入力するだけで推奨溶接条件が簡単に設定できる「溶接ナビ」を搭載している。脚長・溶接速度の変更に応じて電流／電圧条件を自動計算する機能も有している。今まで時間がかかっていた溶接条件出し時間の大幅な短縮が可能となるほか，溶接技能者不足をサポートするとともに，さらなる高品位溶接を実現できる。

3.2　ティグ溶接ロボット

　ティグ溶接は高品質溶接が可能で溶接中のスパッタが発生しないことから，溶接構造物の外観が重要視される溶接箇所で使用される。システムの種類としては，被溶接材料同士を溶かして溶接する共付けティグ溶接システムとフィラーワイヤを供給して溶接するティグフィラー溶接システムの2種類がある。ティグフィラー溶接システムには固定ティグフィラー方式とフィラーワイヤの供給方向を変更可能な回転ティグフィラー方式がある。

　写真2に回転ティグフィラー方式のティグ溶接ロボットおよびフィラーワイヤをタングステン電極に対して鋭角かつ電極近傍に供給することで高溶着のティグ溶接を実現した TAWERS-TIG を示す。

3.3　スポット溶接ロボット

　溶接ロボットは，アーク溶接のみならずスポット溶接においても多く使用されている。ロボットが持ったワークを定置式のスポット溶接機へ移動し溶接を行う方式と，ロボットが持ったスポット溶接用のガンを溶接箇所へ移動し溶接を行う方式がある。スポット溶接用のガンには，エアーで加圧するタイプとサーボモーターで加圧力を調整するタイプがあるが，アーク溶接のトーチと比較して質量が大きいことから100kg可搬を超える大型ロボットが使用されることも少なくない。

3.4　レーザ溶接ロボット

　レーザ溶接ロボットはレーザヘッドをロボットの手首軸に持たせ，発振器から出力されたレーザ光を光ファイバーでレーザヘッドに誘導して溶接対象ワークへ照射することで溶接を行う。非常に高いパワー密度と非接触の利点を生かし，深溶込みで溶接熱影響が少なく低ひずみの溶接が可能になるほか，高速溶接による効率アップや溶接以外の作業（切断・レーザマーキング・表面改質等）もこなすなど幅広い分野で活躍している。アーク溶接に比べて高速・高品質である反面，設備コストは高価となる。

4．溶接ロボットシステムの事例

　生産現場では，溶接対象物の用途や性質などにより溶接品質を最大限重視する場合と生産性を追求する場合とで溶接工程の自動化への適応性が大きく異なる。溶接ロボットシステムは，溶接対象とするワークや溶接法によって様々なタイプがあり，代表的なものについて以下に示す。

4.1　自動車部品溶接セル形システム

　まず，自動車部品向けのアーク溶接ロボットシステムを紹介する。自動車の生産は，車種によって異なるが日に千台以上生産される車種もあり，その部品点数も多いことから，部品生産には高い生産性と安定した品質が要求される。

　自動車部品は，使用される部位や用途に応じて材料や求められる溶接品質が異なり，一般的に 1mm ～3mm 程度の比較的薄板のプレス材料が使用される。また，1 つのワークが数秒から数十秒という短時間で溶接され，生産数が多いためそのタクトタイムの短縮が重要視される。

　複雑な構造やパイプを使用した部品などは，最適な溶接姿勢で施工が可能となるようにポジショナーを採用し，ワークを回転させながら最適な溶接姿勢で施工を行うシステム構成を採用する。ポジショナーを使用する場合には，ワークとトーチとの相対位置や角度を維持したままポジショナーの回転が可能であるとともに，教示点の補間と補間速度を自動計算する協調ソフトを使用することでティーチング作業の効率化が図れる。

　自動車部品の溶接時には，前述の通り比較的薄い板厚のプレス部品が材料として使用され，溶接品質の安定化と溶接ひずみの抑制を目的として溶接ジグによる拘束が行われる。溶接後に高い製品精度を得るため，ジグには剛性があり確実に固定できる構造が必要となる。反面，溶接に適したトーチ姿勢が確保でき，かつワークの脱着が容易な構造も必要になる。複数の車種に対応した設備では段替え機構を設け，容易に複数の溶接ジグを取り替えて生産が可能な仕組みにしている。

　図2は溶接セルの外観の一例と自動車部品を溶接するセルのシステム事例である。①はアーク溶接ロボッ

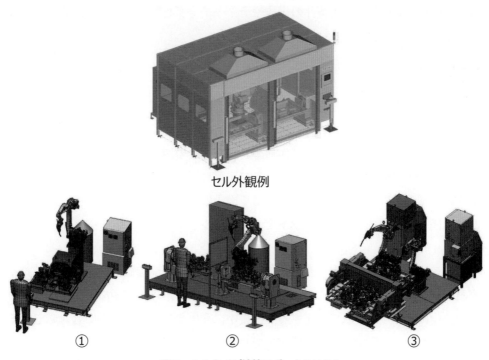

セル外観例

①　②　③

図2　セルタイプ溶接ロボットシステム

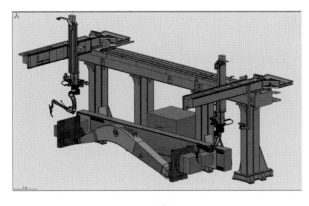

①

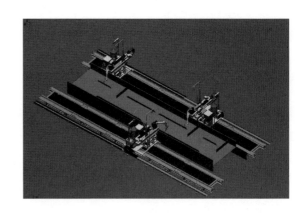

②

図3　大型構造物のアーク溶接ロボットシステム

ト1台にジグが1面ある標準的なタイプ，②はアーク溶接ロボット1台にポジショナーで回転可能なジグが2面あり，一方のジグにワークをセットしている間に他方のジグで溶接し効率化を図る，③は2つの溶接ジグを回転テーブルに設置し，省スペースでありながら一方のジグにセットされたワークを2台のアーク溶接ロボットで溶接することでタクトタイムを短縮する例である。

4.2　大型構造物のアーク溶接ロボットシステム

図3に大型構造物に採用されるアーク溶接ロボットシステムの例を紹介する。①は大型ポジショナーに設置したワークを天吊り仕様のロボットで溶接する事例である。②ではロボットがシフト装置に搭載され，長尺ワークを溶接している。

大型構造物を対象とする溶接ロボットシステムの特徴を以下に記す。

●周辺機器との組合せでシステムが複雑になる。

●対象とするワーク精度が概して良くないことが多い上に熱ひずみに対する拘束が困難であるため，位置補正を目的としたセンサ類の採用が必要である。

●多層，複数パス溶接に対応した溶接条件の生成やティーチングを効率的に行うための中厚板向けソフトウェアが必要となる。

5．各種センサ

特に大型構造物を溶接する際に必要となる位置補正のためのセンサ類を以下に紹介する。

5.1　タッチセンサ

タッチセンサはティーチングプログラムの動作軌跡と実ワークの溶接線とで位置のずれがある場合，溶接開始前にそのずれを補正する機能である。電極であるワイヤに電圧を印加した状態でワークと接触させ，位置検出を行ってずれを補正する。ワーク精度の出しにくい大型構造物では，溶接工程のロボット化で必要不可欠な機能である。図4に代表的な溶接線シフトである平行シフトと回転シフトのイメージを示す。

5.2　アークセンサ

アークセンサは，ティーチングプログラムの動作軌跡と実ワークの溶接線に位置のずれがある場合，溶接開始中にそのずれを補正する機能である。ウィービング動作による溶接電流や溶接電圧の変化を元にロボットの動作軌跡を溶接中にリアルタイムで補正する。溶接中に発生する熱ひずみ等にも対応できるセンサである。タッチセンサとあわせて大型構造物の溶接施工で必要不可欠な機能である。

図5でアークセンサによるセンシングの原理を示す。開先内でウィービング溶接を実施した場合，ウィー

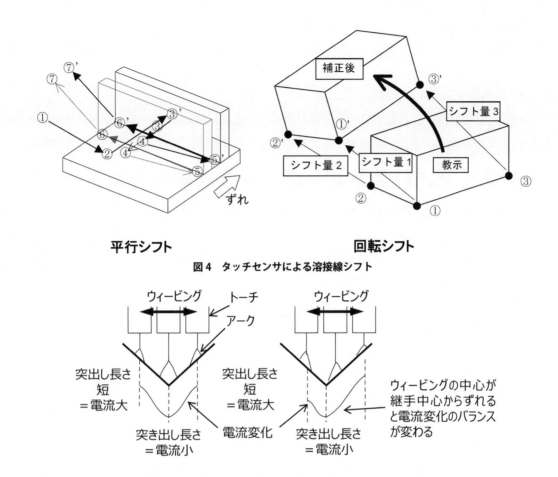

平行シフト　　　　　　　　　　　　　回転シフト

図4　タッチセンサによる溶接線シフト

ウィービング動作に同期した溶接電流サンプリングで安定した追従性能を発揮。

図5　アークセンサのアルゴリズム

ビングの中央部と両端部とではチップ母材間距離が変わることで電流変化が生じる。ウィービング中心と開先中心がずれている場合，電流変化の仕方が左右で変わるため，この電流変化の信号を基にロボットが動作軌跡の位置を補正しながら溶接する。

5.3　大型ロボット活用システム

図6に大型ロボットを活用したロボットシステムの例を示す。

（1）　ワーク移載システム　　　　　　（2）ロボット間協調システム

図6　大型ロボット活用システム

（1）ワーク移載システム

大型ロボットがワークを搬送し部品供給を自動化することで，人には重いワークも大型ロボットなら楽に移動でき，少人化に貢献する。

（2）ロボット間協調システム

ロボットがワークを保持することでワーク姿勢の自由度が飛躍的に広がり，無理なトーチ姿勢を避けることで溶接品質が安定する。ロボット間協調を用いることで複雑な形状のワークにも対応可能である。

6．オフラインプログラミングとシミュレーション

溶接ロボットシステムの検討時には，ポジショナーやシフト装置などの選定に当たってロボットの動作範囲を確認し仕様を決定する必要がある。特に大型構造物や複雑な溶接ジグを必要とする自動車部品などの場合，ロボットとジグやワークなどとの干渉確認を事前に実施し，最適なロボットの機種選定や装置・ジグの設計・配置検討を行う必要がある。この際に3次元シミュレーションソフトは2次元図面では確認困難なキメ細かなロボット適用検討の実施を可能にするツールとして有効である。

当社のパソコン教示シミュレーションソフト DTPS（Desk Top Programming & Simulation system）では，オフライン教示のためのツールとしてパソコン上で対話的にロボット教示を行ない，シミュレーションを実行しながらロボット動作データを作成・検証することもできる。また，このように作成した教示データを実ロボットに転送し使用することも可能である。

7．ロボットシステムのトレンド

経験や勘が求められるアーク溶接の匠の技をロボットでいかに実現・伝承するか，現場の働き手を3K作業からいかに開放し，生産の効率化を実現するか，など生産現場の課題は経営に直結した課題となっている。このニーズに応えるために，溶接機・ロボットメーカー各社は IoT（Internet of Things）技術や AI（Artificial Intelligence）技術・3次元データ解析技術，VR（仮想現実：Virtual Reality）技術等を駆使した課題解決策を積極的に開発している。

アーク溶接ロボットを用いた溶接の自動化にはティーチング作業が必須である。また，溶接工程の後工程には溶接ビードの外観検査工程が存在する場合が多く目視検査が主流である。一方，生産性向上や効率化，生産結果の履歴管理のための IoT（Internet of Things：モノのインターネット）技術の普及も進みつつある。

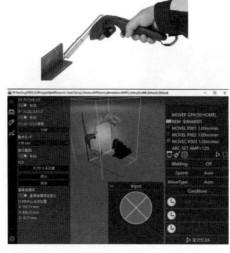

図7　VRPS によるティーチングイメージ

これら溶接の前後作業に対する課題解決策および機器情報の収集，蓄積分析が可能な当社のソリューションソフトウェアを以下に紹介する。

7.1 VRPS

アーク溶接をロボットで行うために必要なティーチングには，ロボットの操作のみならずトーチ角度や溶接ワイヤの狙い位置，溶接条件の設定といった専門性の高い技術が要求される。このティーチング作業に VR（仮想現実：Virtual Reality）技術を活用した簡易ロボットティーチングシステム Virtual Robot Programming System（VRPS）を開発した。VRPS では溶接トーチを模したトーチモデルを動かすことでトーチの位置，姿勢をセンサで取込み，パソコン内の仮想的なロボットが最適なアーク溶接ロボットの姿勢を計算する。VRPS を活用することで，実際のロボットを操作することなく，簡単にティーチング作業を行うことができる。また，トーチの姿勢も再現することができるため，熟練工の溶接のノウハウをティーチングに反映することも容易である。**図7** に VRPS によるティーチングイメージを示す。

7.2 BeadEye

生産量の多い溶接工程では１日に何万点もの溶接ビードを目視検査することになり，検査担当の作業者の負担は非常に大きい。また目視検査のため，検査判定結果が人によりばらつく，検査結果の数値化ができないなど，品質トレーサビリティの確保が難しいといった課題もある。

当社ではこの課題に対して溶接後の外観検査を AI（Artificial Intelligence）技術・３次元データ解析技術を用いて自動化・省人化する溶接外観検査ソリューション Bead Eye（ビードアイ）を商品化した。今回開発した Bead Eye では AI 検査と良品比較検査という２つの検査ロジックを保有している。

１つ目の検査ロジックである AI 検査では，溶接ビードの３次元データを当社があらかじめ学習させた AI エンジンにて検査をかけると，**図8** のように溶接ビード上の様々な溶接欠陥の要因と欠陥個所を特定することができる。本ソリューションでは当社がこれまで蓄積した豊富な溶接実績やノウハウを基にあらかじめ学習させた AI エンジンを標準搭載している。これにより導入後，新たにデータを学習させることなくすぐに AI エンジンを用いた外観検査を使用できる点が大きな特長である。

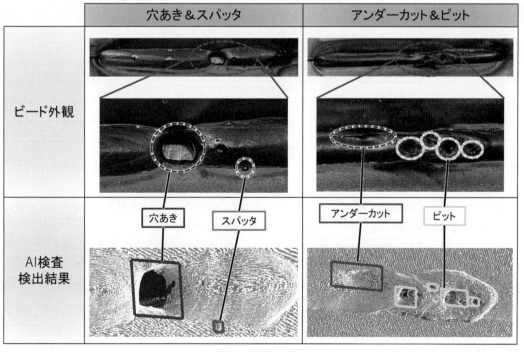

図8　AI 検査結果

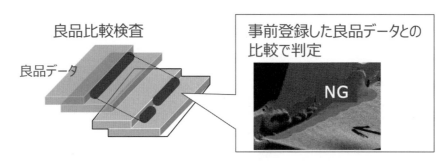

図9　良品比較検査

　もう１つの検査ロジックである良品比較検査では，**図9**に示す通り，あらかじめ良品の溶接ビードを登録しておき，良品の溶接ビードとの差異を比較することで判定を実施する。本検査では，良品の溶接ビードを登録して差異を検査するという方式をとることで簡単な設定で，溶接外観検査を実現することができる。

　この２つの検査ロジックを組み合わせることで様々な溶接欠陥に対応することを可能としている。
また，PCに保存した外観検査結果を蓄積・解析することで，溶接欠陥の多い箇所は溶接条件を適切な値に見直すことにつなげることが可能である。

　溶接後の検査工程を「人」による目視検査から自動化・省人化することで作業者の作業負荷につながり，検査基準の統一，検査結果のデジタル化によりトレーサビリティの確保など溶接現場のさらなる生産性向上，溶接品質向上が可能となる。

7.3　iWNB

　溶接現場でのさらなる生産性向上と効率化を実現していくためには機器の稼働データを収集，蓄積，分析して改善活動に活用することが重要である。当社のTAWERSにもアーク溶接ロボット単体の機能として，稼働情報のモニタリングや履歴の保存や出力，溶接条件の逸脱判定等の機能を有しているが，これらの溶接

No.	カテゴリ	項目	内容
1	経営指標	KPI	重要業績評価指標(KPI)を確認することができます。
2		OEE	総合設備効率(OEE)を確認することができます。
3	稼働情報	稼働状況	現在の稼働状況を確認することができます。
4		稼働実績	過去の稼働実績を確認することができます。
5	生産情報	生産状況	本日の生産状況の確認ができます。
6		生産実績	過去の生産状況の確認ができます。
7		平均サイクルタイム	ワーク毎のサイクルタイムの確認ができます。
8		コスト実績	ワーク毎の電気代、ワイヤ代、ガス代のコスト実績の確認ができます。
9		生産計画	生産の計画を入力することができます。
10	トレーサビリティ	溶接結果一覧	プログラムの一覧、溶接エラー、溶接検査結果、溶接線情報が確認できます。
11	エラー履歴	エラー一覧	発生したエラーの一覧が確認できます。
12		チョコ停ランキング	チョコ停が発生した回数が多い順にランキング表示をします。
13		ドカ停ランキング	ドカ停が発生した際の停止時間が長い順にランキングを表示します。
14	メンテナンス	負荷率	ロボット6軸モーター負荷率の確認ができます。通知設定などを行うことができます。
15		送給モーター電流	送給モーター電流が確認できます。通知設定などを行うことができます。
16		チップ交換時期	出力電流の低下度合からチップの摩耗を推測することができます。

図10　iWNBの機能一覧

現場の課題により一層のお役立ちをするために，複数あるアーク溶接ロボットの情報を収集，蓄積，分析することで「生産性向上」「品質向上」「トレーサビリティ強化」を実現するソリューションソフトウェア「統合溶接管理システム iWNB（integrated Welding Network Box）」を開発した。

　今回開発した iWNB は**図10**に示す通り 6 カテゴリ 16 機能を搭載している。これらはアーク溶接ロボットから収集した情報を基に経営者，生産計画者，保全担当者など，担当職務に応じて確認したい情報にすぐにアクセスできることを目指している。また，アーク溶接ロボットに異常発生した際は iWNB が設備管理者にメールを送信することでより素早い現場対応を可能とする機能も備えている。iWNB は溶接現場のご要望に応じて今後も継続して機能追加をしていく予定である。

おわりに

　本章では溶接ロボットの種類や特長，最新のトレンドについてご理解いただけたと思う。皆様にとって今後の販売活動の参考になれば幸いである。

　近年，溶接ロボットの市場は特に海外で拡大している。これは，自動車・2輪車をはじめとした産業が海外で拡大・発展している影響を大きく受けている。国内の溶接ロボットは技術進歩により進化しているものの，海外では地場メーカーによる開発・生産も始まっており，その性能も急速に向上している。当社は溶接ロボットメーカーとして，TAWERS で培ったデジタル技術をさらに進化させ，新工法の提案を通じて溶接業界の発展に取組み続けるとともに，溶接前後工程や溶接工程の見える化のソリューション展開を通じてお客様の生産性向上，溶接品質の向上にさらなるお役立ちができるよう今後とも貢献していきたい。

参 考 文 献

1）小松嵩宙：溶接技術 Vol.69(2020) 9 月号　溶接前後工程へのソリューション展開

抵抗溶接の基礎知識

岩本　善昭

電元社トーア株式会社　第一開発部

1. はじめに

　抵抗溶接は 1877 年，後にボストンのマサチューセッツ工科大学の研究所長となったトムソン博士が発明して以来，今日では自動車・鉄道車両・家電製品などの製造に多数使用されている。

抵抗溶接の原理は被溶接物の接合部分に短時間・大電流を流すことにより，金属自身が持っている抵抗を利用して接合部分を発熱させ接合するものである。このジュール熱を利用した身近なものとしてはドライヤーやホットプレート，トースターなどが有り，発熱の原理としては抵抗溶接と同一である。

今回はこの抵抗溶接の基礎知識を近年の動向を交えて紹介する。

2. 抵抗溶接の分類

　抵抗溶接は**図1**に示すように，大きくは重ね抵抗溶接と突合わせ抵抗溶接に分類され，更に重ね抵抗溶接はスポット溶接・プロジェクション溶接・シーム溶接に，突合わせ抵抗溶接はバット溶接・フラッシュ溶接に分類される。

　これらの抵抗溶接のなかでもスポット溶接は自動車の車体製造ラインなどで多数使用されているため，産業用ロボットに搭載されたサーボスポットガンが散りを飛ばしながら車体を溶接している映像をニュースなどでも見かけたことがあるだろう。

　プロジェクション溶接に関しては多種多様な被溶接物が存在するが，特に多く使用されているのが溶接ナットのプロジェクション溶接である。溶接ナットについては多種多様な物が使用されているが，例として**表1**に JIS B1196 に示されるナットの種類を示す。溶接ナットのように小径の被溶接物の場合は，一般的には**図2**に示すようなスポット溶接機として市販されている溶接機の電極を，ナット溶接用の電極に交換することでプロジェクション溶接をすることが可能になる。被溶接物がそれよりも大きく精度が必要なもの

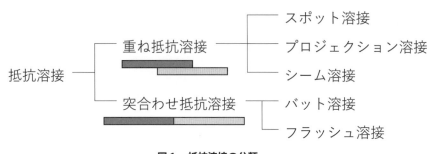

図1　抵抗溶接の分類

表1　溶接ナットの種類（JIS B1196 より）

種類		摘要		
形状	形式	溶接方法の別	パイロットの有無	張出しの有無
六角溶接ナット	1A形	プロジェクション溶接	あり	－
	1B形		なし	－
	1F形			
四角溶接ナット	1C形	プロジェクション溶接	－	なし
	1D形		－	あり
T形溶接ナット	1A形	プロジェクション溶接	あり	－
	1B形		なし	－
	2A形	スポット溶接	あり	－
	2B形		なし	－

注記1　形式中の1及び2は，プロジェクション溶接及びスポット溶接の別を，
　　　　A及びBはパイロットの有無を，C及びDは溶接部の張出しの有無を示す。
注記2　1F形は，1B形で上面・下面の逃げがないものであり，
　　　　強度区分5T用のナット高さは四角溶接ナットに準じている。

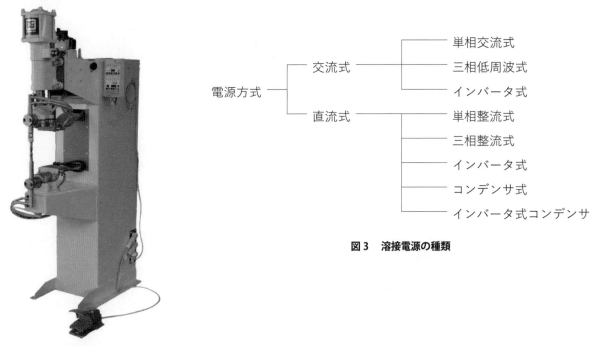

図2　定置式スポット溶接機

図3　溶接電源の種類

についてはプロジェクション溶接機を使用するが，厚板のスポット溶接にプロジェクション溶接機として市販されている溶接機を使用する場合もあり，スポット溶接機とプロジェクション溶接機の境界はあいまいである。

　次に図3に示すように溶接電源の種類で分類すると，大きくは交流式と直流式に分類される。これらの内でスポット溶接に特に多く使用されるのは自動車の車体製造ラインに使用される直流インバータ式である。従来は単相交流式が多く使用されていたが，直流インバータ式にすることで溶接トランスが小型軽量化されることにより，サーボスポットガンが軽量化できるためである。この軽量化によりサイクルタイムの短縮につながっている。

　ナット溶接やボルト溶接には単相交流式が多く使用されるが，近年は鋼板の高張力化により単相交流式では溶接が困難な場合があり，直流インバータ式やコンデンサ式を使用することが増えている。

　自動車の駆動系や足回り部品の溶接には直流式が多く採用される。特に大きなプロジェクションを持った部品を溶接する場合にはコンデンサ式が採用される場合が多いが，コンデンサ式で適切な溶接条件が見出せない場合にはインバータ式コンデンサが使用される。インバータ式コンデンサでは，コンデンサ式の溶接電流の立ち上がりの良さと，インバータ式の溶接電流と通電時間を直接設定できることの双方のメリットが得られる。

3. スポット溶接

　一般的に自動車のボディはプレスされた部品をスポット溶接して組み立てられている。
このようなスポット溶接をする際に重要になるのが加圧力・溶接電流・通電時間・電極形状の四大溶接条件である。

　まず加圧力については**図4**に示す通り二枚または複数枚の鋼板を，クロム銅などの銅合金でできた一対の電極により，所定の力で挟み込む。その際の挟み込む力が加圧力と呼ばれる条件である。

　加圧力を発生させるアクチュエータとしては，ロボットに搭載して使用する場合にはサーボモータ，定置で使用する場合にはエアシリンダが使用されることが一般的である。サーボモータの場合にはモータに流す電流値を変化させ加圧力を調整し，エアシリンダの場合には減圧弁などにより空気圧を変化させ加圧力を調整する。

　溶接電流については単相交流式とインバータ式で調整の方法が異なる。単相交流式の場合にはサイリスタを使用した位相制御となり，点弧角を変化させ溶接電流を調節し，インバータ式の場合にはIGBTを使用したPWM(パルス幅変調)制御となり，パルス幅を変化させ溶接電流を調節する。

　通電時間については先に述べたサイリスタやIGBTにより，溶接電流を流す時間を調節する。

　最後の電極形状については**表2**の様にJIS C9304に様々な形状が規定されているが，自動車の製造現場ではDR形(ドームラジアス形)が多く使用されている。この電極形状の中でも重要になるのは電極の先端径である。先端径が変化してしまうと上下電極で挟んだ鋼板の電流密度が変化してしまうことになり，溶接品質に影響を及ぼす。そのため，通常は一定の打点数ごとにチップドレスまたはチップ成型することで先端径を一定に保ち溶接品質を安定させている。

　以上の条件以外にも，実際の溶接現場では溶接する鋼板と電極の直角度や鋼板同士の板隙，ロボットのティーチング位置とジグによる鋼板のクランプ位置のずれによる加圧力のアンバランス，冷却水量や冷却水温などの外乱による溶接品質のばらつきが発生することがあり注意が必要である。

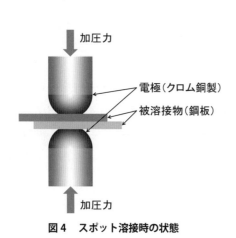

図4　スポット溶接時の状態

形式	呼称	形状
F形	平面形	
R形	ラジアス形	
D形	ドーム形	
DR形	ドームラジアス形	
CF形	円すい台形	
CR形	円すい台ラジアス形	
EF形	偏心形	
ER形	偏心ラジアス形	
P形	ポイント形	
PD形	ポイントドーム形	
PR形	ポイントドームラジアス形	

表2　電極先端の形状(JIS C9304より)

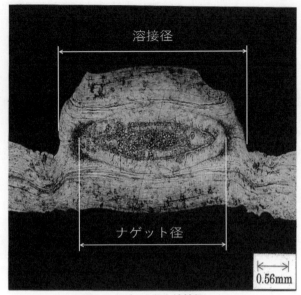

図5　ナゲット径と溶接径

　しかし，これらの条件は溶接機側の設定およびロボットのティーチングなどの設備側である程度管理することができ，作業者のスキルに依存する要因がほとんどないため，アーク溶接など他の接合方法に比べ溶接品質を安定させることが容易な接合方法であるといえる。

　溶接品質の基準として JIS Z3139 の断面マクロ試験によりナゲット(溶接部に生じる溶融凝固した部分)径を規定する場合や JIS Z3136 や JIS Z3137 の引張り試験により引張り強さを規定することが多い。しかし，実際の溶接現場ではそれらの試験を行うことが困難なため，JIS Z3144 に規定された，たがね試験・ピール試験・ねじり試験による溶接径で評価することもある。ナゲット径と溶接径の違いを**図5**に示す。

　最近の傾向として高張力鋼板が多用されるようになったことで，従来に比べて溶接条件がシビアになっており，高加圧力化や多段通電(通電中に溶接電流値を変化させたり複数回溶接電流を流したりする)，可変加圧(溶接中に加圧力を変化させる)，インバータ化することによる溶接電流の微調整などにより対応することが増えている。

　また，板隙や分流があった場合に，溶接電流や通電時間を変化させることで溶接品質を向上させるアダプティブタイマなども販売されている。

　これまで，鋼板のスポット溶接について述べたが，近年は自動車のボディにアルミニウム合金を使用する場合が散見されるようになってきた。

　アルミニウム合金同士のスポット溶接については，鋼板に比べて抵抗が低く熱伝導率が高いため，より大電流を短時間で流す必要がある。また，ナゲット内にブローホールができやすいため，通電の後半で加圧力を増す多段加圧をする場合もある。

　このように鋼板のスポット溶接とは溶接機に求められる仕様が異なるため，現在はアルミニウム合金のスポット溶接に特化した溶接機も販売されているので，仕様に合わせた機器選定が求められる。

4. ナット溶接

　自動車のボディ組立にはスポット溶接が多用される一方で，内装品の組み付けなどにはボルト・ナットによる締結が多用される。その際，通常のボルト・ナットで内装品を組み付けるには，ボルト側とナット側両面から締結部にアプローチできる構造にする必要がある。そのため，通常は予めボルトまたはナットをボディ

図6　四角溶接ナットの例 (JIS B1196)

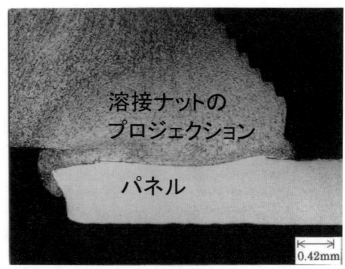

図7　溶接後のプロジェクション部断面写真 (図6のA-A断面を示す)

にプロジェクション溶接している。これにより閉断面の内部にナットが有る場合などでも問題なく外側から内装品を組み付けることが可能になる。

　ここでは，特に多く使用されるナット溶接について説明する。

ナット溶接はプロジェクション溶接に分類され，鋼板にプロジェクション (突起) のあるナットを抵抗溶接する接合方法である。最も使用されている溶接ナットの一つである四角溶接ナットの例を**図6**に示す。

　この様なナットの場合，溶接とは言うものの，**図7**に示すように多くの場合は溶融接合ではなく圧接となる。

　プロジェクション溶接とは，被溶接物に小さなプロジェクションを設け，そのプロジェクションに加圧力や溶接電流を集中させることで接合する方法である。スポット溶接の際には電極先端径で電流密度が変化することを説明したが，プロジェクション溶接の場合はプロジェクションの寸法形状により，電流密度が変化することになるため，プロジェクションの寸法形状が重要になる。

　他の重要な条件としては上下電極の平行度があるが，品質を安定させるためには溶接時の加圧力で加圧した際に，上下電極が平行になるように調整する必要がある。

　溶接電流については，電流値だけでなく溶接電流の立ち上がりにより，溶接後の接合強度に大きな影響を及ぼす。これはプロジェクション溶接全般で言えることであるが，通電開始後 1 ～ 2cycle でプロジェクションが軟化するため，溶接電流の立ち上がりが悪い場合には十分な発熱がないうちに，加圧力によりプロジェクションが潰れてしまい接触面積が急激に広がる。そのため接合部分の電流密度が低くなり，結果として接合強度が低くなる。

　最近では単相交流式の場合は通電初期の出力を指定することで溶接電流の立ち上がりを良くし，ナット溶接時の接合強度を上げる取り組みや，インバータ電源を使用して短時間・大電流で接合強度を上げる取り組みなどが見られる。

　また，ナット溶接の場合には鋼板に開いている穴とナット位置がずれてしまってはボルトが通らなくなってしまう。そこで，通常は下部電極にガイドピンと呼ばれる絶縁された位置決めピンにより，鋼板とナットの位置決めを行う。このガイドピンの径が適正でない場合にはナットの位置ずれが発生する場合がある。

　自動車業界では溶接ナットの供給にナットフィーダが使用されることが多い。ナットフィーダには数千個前後のナットを投入することが可能で，ナットを自動で整列・選別し，フィードユニットで一つずつ電極に

供給する。定置式スポット溶接機とセットで使用することにより，わずか数秒でナットを溶接することができる。

ナット溶接時の品質管理面では，ナット供給状態の確認 (ナットの有無，姿勢の確認や異種ナットの検出など) や溶け込み量 (溶接前後の高さの差) を検出するためのセンサを組み込んだスポット溶接機や後付可能な制御装置が販売されている。

鋼板にナットを接合する方法としては他にナットを圧入する方法やアーク溶接する方法などがあるが，短時間で高い強度の接合が可能であり，作業者のスキルによる品質のばらつきがないプロジェクション溶接が多く採用されている。

5. 溶接機の IoT 化

近年の IoT 化の波は抵抗溶接機にも押し寄せており，抵抗溶接機も工場のネットワークに接続されるようになってきている。

図8に示すように，ロボットに搭載するサーボスポットガンの制御装置である①自立型インバータ電源は，サーボスポットガンに流す溶接電流を制御するだけでなく，ロボットの制御盤とは EtherNet/IP で接続され，溶接の起動や溶接完了，異常出力などの通信をしている。更に工場の端末とは Ethernet で接続されている。その Ethernet を通じて工場の端末から溶接機への溶接条件の書き込みや溶接機からの溶接条件のバックアップ，端末による溶接モニタデータの収集が可能となっている。

また，ロボットの制御盤内にタイマ基板を設置する②ロボット統合型インバータ電源や，溶接ナットや溶接ボルトを溶接している③定置式スポット溶接機においても同様の通信が可能となっている。

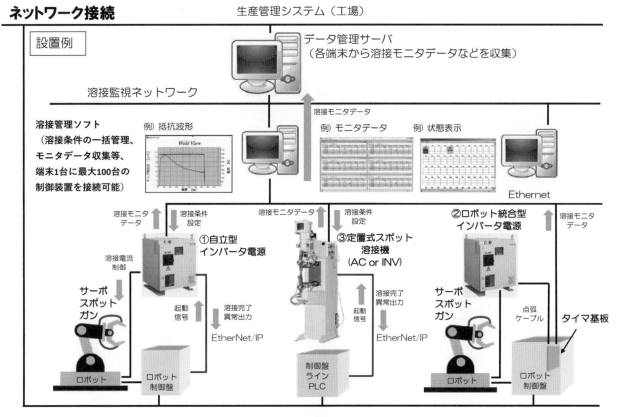

図8　抵抗溶接機の IoT 化

これにより，端末から異なるアプリケーションの抵抗溶接機の稼働状況をリアルタイムに一括して把握することができ，更にモニタデータをデータ管理サーバに送信し蓄積することで，トレーサビリティの向上が図れる。

従来は溶接マスタ(職人)の感覚による品質管理が一般的であったが，蓄積された溶接モニタデータを数量的にとらえて統計的な分析ができ，工場や材料の特性や傾向も併せて観察することで，最適な品質の見える化ができるため，担当者のスキルによらない品質向上が目指せるシステムになっている。

最近では従来の溶接モニタデータだけでなく，各打点溶接時の溶接電流や電圧波形，加圧力値も同時に収集が可能になり，蓄積された溶接モニタデータと合わせた品質保証システムについても開発が活発化している。

6. おわりに

近年では自動車のボディに鋼板だけでなくアルミ合金や CFRP が使用されるケースが増えている。アルミ合金の場合は抵抗溶接が可能であるが，摩擦攪拌接合やリベット，アーク溶接が採用される場合もある。また，一般的に CFRP の接合に抵抗溶接は採用されていないが，金属板と CFRTP(マトリクスが熱可塑性樹脂)の接合であれば抵抗溶接技術を応用した樹脂金属接合も可能となってきている。

抵抗溶接は他の接合方法に比べて短時間で接合でき，作業者のスキルによらないことからボディ以外の部分での採用も増えており，今後も自動車産業にとっては重要な接合方法であることに変わりはない。

高圧ガスの基礎知識

石井　正信

岩谷産業株式会社　機械本部　ウェルディング部

1．はじめに

　環境変化による自然災害等にて生活様式の変化が著しい現在ではあるが，産業用ガスは製造業のみならず，医療から家庭用まで欠かすことのできない必需品である。多くのガスが高圧で保存され顧客に運ばれるわけであるが，正しい使用方法は販売する溶材商社だけではなく消費者側も正確に把握して頂きたいと考えている。

　各種の高圧ガスの取扱いは法律で定められているが，ガス状態に応じた保存方法や運搬方法まで，我々「溶材商社マン」にとっては最重要スキルと考えている。高圧ガス関連資格への挑戦や講習会等への参加に努めて頂き，溶材商社の使命である「社会に貢献できる安心安全な溶材供給」の継承を願い，本稿にガス知識を記載する。

2．溶接用シールドガスの基礎

　日本国内はもとよりアジア全域で最も多く使用されている溶接法として「炭酸ガス溶接」がある。日本国内では造船や橋梁，建機等大型構造物の接合方法として広く使用されており国内で使用される炭酸ガスの約半分が溶接用途で消費されている。一方，自動車産業の薄板溶接ではマグガスと呼ばれる「80％アルゴン＋20％炭酸」の混合ガスを使用した「マグ溶接」がメジャー化しているが近年では，鋼板材料に合わせた様々な混合ガスが使用されるようになった。ステンレスやアルミ等の非鉄金属ではアルゴンガスを使用した「ティグ溶接法」も多く用いられる。また，ステンレスのミグ溶接では「2％酸素＋98％アルゴンガス」が一般的なシールドガスとして認知されている。

　次に，シールドガスに使用される主なガスについて説明する（**表1**）。

表1　シールドガスに使用されるガス種と物理的性質

ガス物性表	Ar	CO2	O2	He	H2
比重（空気＝1）	1.38 ○	1.53 ○	1.11 ○	0.14 △	0.07 △
イオン化ポテンシャル（eV）	15.7 ○	14.4 ○	13.2 ○	24.5 ◎	13.5 ○
熱伝導率（mW／m K）	21.1 ○	22.2 △	30.4 ○	166.3 ◎	214.0 ◎
活性	不活性 ◎	活性 ○	活性 △	不活性 ◎	活性 △
燃焼性	不燃性 ◎	不燃性 ○	支燃性 △	不燃性 ◎	可燃性 ×

次に溶接に使用される各種ガスの概要について説明する。

●炭酸ガス

　無色・無臭，不燃性のガスで，大気中に約0.03％程度しか存在しない。空気の約1.5倍の重量があり，乾燥した状態ではほとんど反応しない安定したガスで，化学プラントや製鉄所の副生ガスを原料として製造されている。通常，溶接等の工業用ガスとして，ボンベに充填され液化炭酸ガスの状態で搬送されるが，液化炭酸ガス1kgあたりで0.5㎥程度の炭酸ガスとして気化する。工場で最も多く見かける緑色の30kg入り液化炭酸ガスボンベは，約15㎥の炭酸ガスを取り出すことができる換算となる。

●アルゴン

　高温・高圧でも他の元素と化合しない不活性で，無色・無味・無臭のガス。空気中に0.93％程度しか含有しないが，深冷分離と言う方法で大気を原料とし分離精製され製造している。比重は1.38（空気＝1）と空気と比較して重い為，大量使用の場合は地下ピットやタンク内などガス溜りに注意が必要。沸点は－186℃。製鉄や高反応性物質の雰囲気ガス等に広く利用されている。

●ヘリウム

　無色・無臭，不燃性のガスで，大気中に約5.2ppmしかなく，比重は0.14（空気＝1），沸点は－269℃。化学的にまったく不活性で，通常の状態では他の元素や化合物と結合しない。ヘリウムは特定のガス田プラントより採掘される天然ガス中に0.3～0.6％程度しか含まれておらず，それを分離精製し製造されている。液体ヘリウムは医療用途のMRI等に使用され，超電導システムのコア技術等の最先端技術の一旦を担う。

　ヘリウムの産出国はアメリカが市場の7割を占め，超希少資源として戦略物資の扱いとしている。近年，中東のカタールからも産出されるようになったが,超希少資源としての価値は変わらず価格が高騰している。

●酸素

　無色・無味・無臭のガスで，空気の約21％を占めており，比重は1.11（空気＝1）で沸点は－183℃。化学的に活性が高く，多くの元素と化合し酸化反応を起こす。シールドガスとしては先に記述した，2％酸素＋98％アルゴンがステンレスミグ溶接に使用されている。アルゴンと同じく深冷分離による方法で大気を原料とし分離精製され製造されるのが一般的であるが，エアガスと総称する窒素，酸素，アルゴンの3種のガスは，分離精製時に－200℃へ及ぶ冷却が必要なことから膨大な電力が必要となっている。

●水素

　無色・無味・無臭，可燃性のガスで，比重は0.07（空気＝1）と地球上の元素の中で最も軽いガスで，沸点は－253℃。熱伝導が非常に大きく，粘性が小さいため，金属などの物質中でも急速に拡散する。水素脆化が示す通り，溶接には不向きとされているが，オーステナイト系ステンレス鋼へは影響が極めて少ないことから，3～7％の水素を添加した混合ガスで高効率なティグ溶接やプラズマ溶接で使用されている。

3．溶接用ガスの役割

　シールドガスは文字通り空気と溶融金属の遮断が第一の役割であるが，最近ではシールド性能だけではなく，スパッタ低減や効率化を実現した機能性を求められる。当社の主なガスとして母材別に適合させた（**表2**）の混合ガス類が開発され，ユーザーで使用されている。

4．マグ溶接に及ぼすシールドガスの影響

　マグ溶接におけるシールドガスとして，現在では多くの製造現場で使用されるマグガスは先に記述したよ

表2　イワタニ溶接用混合ガス　シールドマスターシリーズ

商品名	組成	対象素材	特徴	用途
軟鋼・低合金鋼用（ＭＡＧ）				
アコムガス	Ａr＋ＣＯ₂	軟鋼	低スパッタ・アーク安定・汎用性の高いＭＡＧガス	鉄骨・橋梁・造船等
アコムエコ	Ａr＋ＣＯ₂	軟鋼中厚板	低スパッタ・低ヒューム・経済的なＭＡＧガス・ＣＯ₂溶接での作業環境を改善	鉄骨・橋梁・造船等
アコムＨＴ	Ａr＋ＣＯ₂	薄板高張力鋼	低スパッタ・高速化・ビード外観向上・溶接金属の性質向上	自動車・輸送機器・事務機器等
アコムＺⅡ	Ａr＋ＣＯ₂	亜鉛メッキ鋼板	低スパッタ・高速化・耐ピット性向上・一般軟鋼にも使用可能	住宅設備・自動車
ハイアコム	Ａr＋ＣＯ₂＋Ｈe	軟鋼中厚板	スパッタ激減・高速化・ビード外観向上・中電流から高電流で抜群のアーク安定性	鉄骨・橋梁・造船等
アコムＦＦ	Ａr＋ＣＯ₂＋Ｏ₂	軟鋼薄板・亜鉛メッキ	幅広ビードの形成でアンダーカットを抑制・高速化が可能	自動車・輸送機器
アルミ・アルミ合金用（ＭＩＧ・ＴＩＧ）				
ハイアルメイトＡ	Ａr＋Ｈe	薄板アルミ合金・パルスＭＩＧ/ＴＩＧ	溶け込み向上・高速化・耐ブローホール性向上・ビード外観向上	特装車・鉄道車輌
ハイアルメイトＳ	Ｈe＋Ａr	厚板アルミ合金・パルスＭＩＧ/ＴＩＧ	溶け込み向上・高速化・耐ブローホール性向上・ビード外観向上	ＬＮＧタンク・アルミ船
ステンレス鋼用（ＭＩＧ・ＴＩＧ）				
ティグメイト	Ａr＋Ｈ₂	ステンレス鋼・プラズマ溶接	溶け込み向上・高速化・ＴＩＧ板厚により混合比を調整可能	厨房機器・配管
ハイミグメイト	Ａr＋Ｈe＋ＣＯ₂	ステンレス鋼・パルスＭＩＧ	高溶着・高速化・ビード外観向上・スパッタ激減・より高品質溶接を実現	自動車・鉄道車輌・化学プラント
ミグメイト	Ａr＋Ｏ₂	ステンレス鋼・パルスＭＩＧ	アーク安定・低スパッタ・溶接効率向上	車輌・配管

うに，80％アルゴン＋20％炭酸ガスの組成であるが，その組成比率により溶滴移行は変化を見せる。一例として，**図1**に示すようにスパッタが激減するスプレー移行の電流域はガス組成により大きく変化をする。これらのガス混合比率を変化させ利用することで，パルス溶接で問題となるアンダカットや更なる低スパッタ等の施工性改善も見込める。

5．アルミティグ・ミグ溶接の需要増

　非鉄金属の分野では自動車に代表される輸送機器全般で，軽量化および機能性を追求したアルミ部材が増加傾向にある。それに伴う接合技術も各分野にて開発が進められているが，いまだ現役であるのがティグ溶

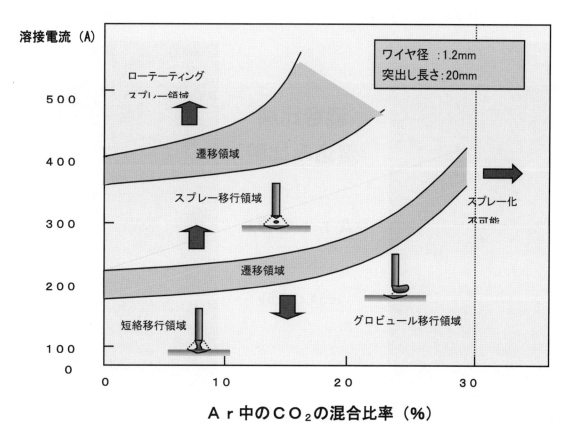

図1　ガス混合組成が及ぼす溶滴移行への影響

接およびミグ溶接でもある。

　使用されるシールドガスのほとんどがアルゴンガスであるが，一部ではヘリウムガスが使用され，機能性を求めたアルゴンとヘリウムの混合ガスも増加傾向である。高額なヘリウムを使用する背景には，技術者不足や人件費高騰による「タイムイズマネー理論」や自動化のハードルを下げることのできる，ヘリウムガスの優位性が再認識され始めたと感じている。

6．マグ溶接における溶込みへの影響

　同様に，溶込み深さや形状にも影響を及ぼすことが，比較試験（**写真1**）により確認することができる。軽量化に伴う更なる薄板鋼板へは，アルゴン比率を高めることで溶込みは浅くなり，穴開き，溶落ち等の溶接欠陥防止策として活用されている。これとは逆に，炭酸ガス溶接と比較して溶込み不足を指摘されることの多いマグガスは，炭酸ガス比率を増やすことで改善される可能性がある。

7．シールドガスの選定と今後について

　グローバル競争にさらされる製造業において，高品質な物を低コストで作ることが最も重要とされているが，日本の国内における溶接コストは溶接品質を向上することで低減する場合が多い。溶接品質の向上はコストアップと捉えられやすいが，溶接におけるコストとは仮付から始まり塗装前の最終仕上げまでとなる。

　スパッタ取り作業やグラインダー仕上げ等の作業はもとより，溶接欠陥の補修には点検・確認作業など膨大な時間として大きなコストアップとなる。高品質溶接でトータルコストダウンの実現が可能である。

8．切断（溶断）用ガス

　構造材の切断には「熱切断」が非常に多く用いられている。「熱切断」とは熱エネルギーとガスの運動エ

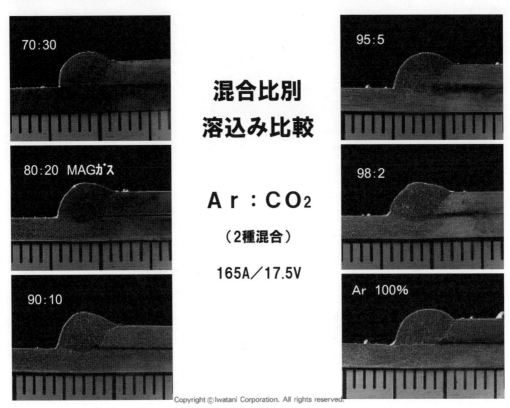

写真1　ガス組成変化による溶込み比較

ネルギー，場合によってはガスが持つ化学的エネルギーで鋼材を溶かして切断すること。その種類は以下のように分類される。

●**ガス切断**

　火炎と鋼材の酸化反応による熱エネルギーとガス流体の運動エネルギーを利用

●**プラズマ切断**

　アーク放電による熱エネルギーとガス流体の運動エネルギーを利用

●**レーザ切断**

　光による熱エネルギーとガス流体の運動エネルギーを利用

　ガス切断（溶断）の最大の特徴は，切断部を溶かすためのエネルギーを，切断部の鉄自信の酸化反応熱で補うところにある。ガス炎で切断部を発火温度（約900℃）に加熱し，そこへ高圧の酸素を噴出することで，母材の鉄を燃やしながら切断する。

　つまり，酸素で鉄を燃やして溶かし，切断酸素気流によって燃焼生成物と溶融物を吹き飛ばすという2つの作用によって行なわれることになる。（**写真2**）このため，酸化・燃焼しにくいステンレス鋼や酸化・燃焼しても酸化物（アルミナ）が母材よりも著しく高融点で溶融物となりにくいアルミニウムには適用されない。

　ガス切断（溶断）の際に母材を予熱する燃料ガスは，古くからアセチレンガスが使われてきた。現在はLPガスや天然ガスなどが一般的に使用され，その他プロピレン，エチレン，水素なども用いられ，これらのガスを混合し，比重や火力を調整したものも使用されている。**表3**にガス切断用の燃焼ガスとその物性を記す。

　溶解アセチレンは無色で純粋なものは無臭。比重は0.91（空気＝1）で沸点は－84℃。カーバイドから製造されるアセチレン自身は不安定で反応性が高い物質であるために，容器中の溶剤に溶解させて安定化させた状態で使用する必要があり，そのために「溶解アセチレン」とも呼ばれている。

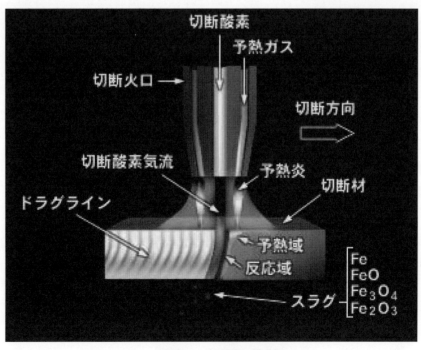

写真2　ガス溶断の模式図

表3　切断ガスの種類と物性比較

ガス	分子式	分子量	ガス比重 空気＝1	総発熱量 Kcal/m3	火炎温度 ℃	燃焼速度 m/s	着火温度 ℃	燃焼範囲 %
アセチレン	C2H2	26.04	0.91	13,980	3,330	7.60	305	2.5〜81.0
プロピレン	C3H6	42.08	1.48	22,430	2,960	3.90	460	2.4〜10.3
エチレン	C2H4	28.05	0.98	15,170	2,940	5.43	520	3.1〜32.0
プロパン	C3H8	44.10	1.56	24,350	2,820	3.31	480	2.2〜9.5
メタン	CH4	16.04	0.56	9,530	2,810	3.90	580	5.0〜15.0
水素	H2	2.02	0.07	3,050		14.36	527	4.0〜94.0

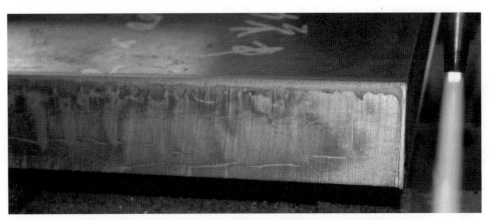

写真3　『ハイドロカット』の火炎と切断面（板厚 50mm、25 度開先切断)」

　液化石油ガス（LPG）は石油採掘，石油精製や石油化学工業製品の製造過程での副生した炭化水素を液化した発熱量の高いガスで，家庭用ではプロパンガスと呼ばれて広く使われている。工業用，自動車燃料，都市ガス原料としても使用されている。

　最近は，環境対応と切断性能を求めて，水素をベースにした燃料ガスが脚光を浴びている。安全性と環境性，作業性を改善させたのが当社の「ハイドロカット」となる。水素にエチレンを高精度で混合させることにより，以下のメリットがある。

①断面品質，速度などの切断能力が，LP ガス，都市ガスに比べて高い。

②熱影響によるひずみがアセチレン，LP ガスに比べて少ない。

③射熱の小さな水素を用いることにより，高温作業の熱切断作業環境が改善される。

④切断時に発生する CO_2 がアセチレンと比較し 30％まで低減される。

⑤逆火し難く，煤（すす）が出ない。

　当社は水素エチレン混合ガス「ハイドロカット」を環境対応型の「高機能，切断用燃料ガスとして販売し，機能性シールドガス同様に品質向上とトータルコストダウンを実現する機能性燃焼ガスとして推奨している。

切断の基礎知識

青野　直也

日酸 TANAKA 株式会社　開発部 レーザ加工技術開発 G

1．はじめに

　熱切断は，切断部を溶融 (または蒸発) し，この溶融した部分をガスにより吹き飛ばして行う切断法である。**表1**に，熱切断と機械切断の対比を示す。

　熱切断の特徴は以下の通りである。

　長所としては，

1）自由形状の切断が可能である

　熱切断で使用される熱源は，切断材の厚さの方向に線として存在するため切断の進行方向に対する制約がない。

2）切断材料の固定が不要である

　熱切断は，切断材と非接触であるため切断材に力を加えることがない。このため切断材を固定するものが不要である。

表1　熱切断と機械切断の対比

	熱切断	機械切断
切断エネルギ	熱エネルギ＋ガスの運動エネルギ。場合によっては、ガスがもつ化学的エネルギが利用される場合がある。	機械的エネルギ。
切断工具	切断火口もしくはノズル。	刃物（はさみ、鋸、シャー等）。
適用材料	切断法によっては、適用できない材料がある。	すべての材料に適用できる。
材料との接触	非接触。	接触。
材料拘束	非接触の切断であるため、一般には、拘束治具は不要。	加工時の抵抗のため、拘束が必要。
切断形状	非接触の切断であるため、切断形状の制限は少ない。	直線か、単純な形状に限定される。
切幅	ノズル孔径の1.5～2倍（レーザ切断を除く。）レーザ切断は約0.3～0.8mm。	切削工具の刃厚による。プレス、ギロチンシャーのような、せん断機の場合はゼロ。
切断後の変形	熱変形が生じる。	加工ひずみにより変形が生じるが、一般的に、変形は熱切断より小さい[1]。
材質変化	切断面近傍は熱的影響を受け、硬さや結晶組織の変化が生じる。また成分元素の移動が生じる場合もある。	加工ひずみ硬化が生じる。ステンレス鋼の場合、加工ひずみにより、マルテンサイト変態を起こす場合がある。

[1]　ただし、ギロチンシャーの場合、ボウ（そり）、ツイスト（ねじれ）及びキャンバー（真直度）と呼ばれる変形が生じ、切断精度に大きく影響を及ぼす。JIS B 0410「金属板せん断加工品の普通公差」では、切断材の切断幅、真直度及び直角度について、それぞれ等級を設けている。

3）厚板の切断速度が速い

　鋸などの機械切断は，板厚が厚くなるほど加工速度は著しく低下するが，熱切断では板厚による速度変化が少ない。

　短所としては，

1）切断精度が悪い

　熱切断は，切断材を局部的に溶かして溶けたものをガスにより吹き飛ばすため，熱変形が生じることやカーフ幅が広くなる。更に，ガス気流の直進性や強さが若干変化することで，寸法精度が機械切断より劣る。

2）切断面近傍の硬さおよび金属学的組織変化を起こすことがある

　熱切断は，切断部を溶融し，この溶融 (または蒸発) した部分をガスにより吹き飛ばすため，ガスによる冷却が行なわれ，切断面近傍の硬さや組織変化が起きる場合がある——等が挙げられる。

　熱切断は，前述した長所から重厚長大をはじめとする多くの産業で利用されている。熱切断の短所である熱変形に対しては，切断の前工程で溶接する位置や部材番号を示すマーキング線や文字を鋼板表面に施し，それらマーキングを基準に溶接し構造物を作るなど，熱変形による精度低下を抑える工夫がなされている。

　本稿では，熱切断の代表である，ガス切断，プラズマ切断，レーザ切断の原理や品質などについて説明する。

2．熱切断法の原理と切断機

　各熱切断法について，切断原理と切断機や周辺装置の形態を説明する。

2.1 ガス切断

　ガス切断は，酸素と鉄の酸化反応を利用して行う切断法で，熱切断法の中では最も古い切断法である。切断できる材料は，酸素と反応する鉄が主体であり，基本的には軟鋼（炭素が 0.2％以下）と呼ばれる炭素鋼に限られる。

　ガス切断は，**図1左**に示すように，切断火口の先端で形成された予熱炎を用い，切断開始部を発火点以上に加熱し，そこに切断酸素を吹きかけ，酸化反応を起こさせるとともに，溶融した金属や酸化物を切断酸素の気流がもつ運動エネルギで吹き飛ばす。この状態が継続されることで切断を行う方法である。ガス切断は，鉄との酸化反応熱を利用するので，酸素が届く範囲が切断可能範囲となり，厚板の切断には有利な切断法である。

　図2は吹管を手で持って行うガス切断の機器構成を示す。酸素ガスと燃料ガスのボンベまたは供給装置，圧力調整器，乾式安全器，ホース，吹管，火口からなる単純な機器構成であることから装置のコストを低く抑えられる。**写真1**に NC ガス切断機を示す。吹管と呼ばれるトーチを複数取り付けられ，1回の切断で同形状の製品をトーチ数分切断できるなどのメリットがある。

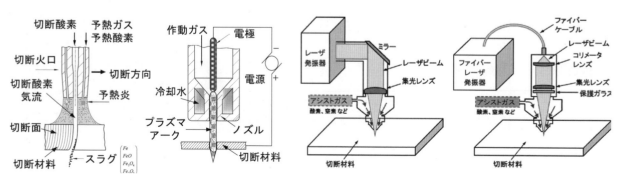

図1　熱切断の原理

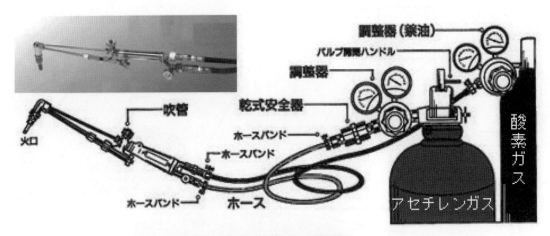

図2　手切り用ガス切断の機器構成

写真1　NCガス切断機

2.2　プラズマ切断

　プラズマ切断は，アーク放電による電気エネルギーを利用する切断法である。電気エネルギーを利用するため，導体である金属の切断に使用される。

　プラズマ切断は，**図1中央**に示すように，電極の周辺からノズルへ作動ガスを流し，切断材と電極間でプラズマアークを発生させる。ノズルによりプラズマアークが収束され，切断材を溶融させると同時にプラズマアークによって発生した気流により溶融した金属を吹き飛ばす切断法である。プラズマ切断は，熱エネルギーを切断材の上面から供給する方式であり，供給エネルギの制約から，切断板厚が増大すれば切断が困難となる。プラズマ切断機の装置構成は，**図3**に示すように，プラズマユニット（切断電源，加工ヘッド（プラズマトーチ），冷却水循環装置），切断機本体から構成され，切断電源には，直流電源が用いられており，切断材をプラス，電極をマイナスにして使用されることが多い。

　プラズマ切断に使用する一般的な作動ガスとして，空気，酸素，アルゴン＋水素（＋窒素），窒素が挙げられる。

　プラズマ切断の装置構成は，ガス切断より複雑となり，装置の導入コストは高い。また，切断時に煙（ヒューム）も多く発生するため，集じん装置が必要になるなど，付帯設備のコストもかかる。プラズマ切断機は，ガス切断機と異なり，トーチが1〜2本程度の切断機が主流である。

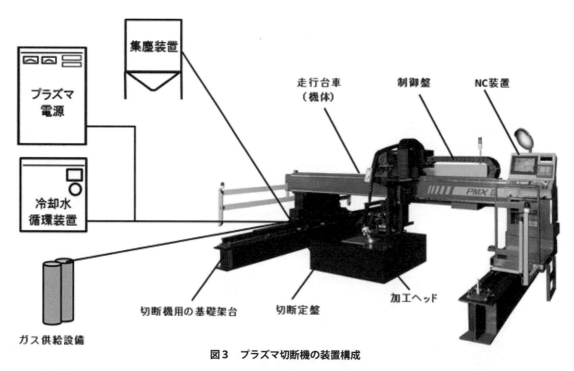

図3　プラズマ切断機の装置構成

2.3　レーザ切断

　熱切断の分野では，最も新しい切断法である。**図1右**には，中厚板分野に幅広く適用されている CO_2（炭酸ガス）レーザ切断とファイバーレーザ切断の原理を示す。レーザ発振器で発生したレーザ光を，CO_2 レーザの場合は複数枚の反射鏡，ファイバーレーザの場合はファイバーケーブルを用いて加工ヘッドに伝送し，集光レンズでレーザ光を絞ってエネルギー密度を高めて切断材に照射することで材料を溶融させる。更に，レーザ光と同軸上にアシストガスを流すことで溶融した金属を吹き飛ばす切断である。基本的には，虫眼鏡の原理そのものであり，この切断法の最大の特長は，金属，非金属を問わないということである。切断方法は，速度を重視する CW 切断と，安定した品質を重視するパルス切断の2種類に分けられる。

　ファイバーレーザ切断機の装置構成を**図4**に示す。ファイバーレーザ切断機の装置構成は，レーザ発振器，

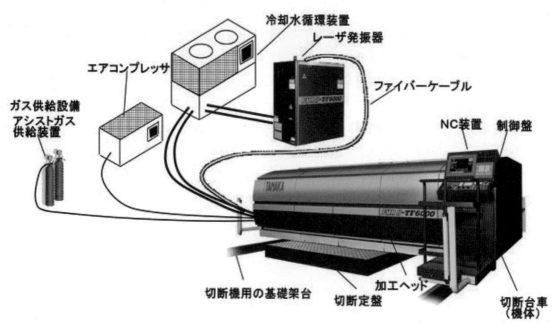

図4　ファイバーレーザ切断機の装置構成

発振器を冷却する冷却水循環装置，切断で使用するガスの供給装置が必要となり，CO_2レーザと違ってレーザビームを伝送する反射鏡や装置が不要になるが，装置の導入コストとしては熱切断法の中で最も高い。ファイバーレーザ切断機は，1本トーチが主流である。

3．各熱切断の性能

表2に，ガス切断，プラズマ切断，レーザ切断の特徴を示す。この表は，評価方法として，すべてガス切断を基準として評価を行っている。従って，「○」の数が多いほど，ガス切断より優れていることを示し，また，「×」がついている項目はガス切断より劣ることを示している。

表2より，すべての項目で優れている，または，劣っている熱切断法はなく，熱切断法の選択は，要求される切断材，切断板厚，切断品質，コスト等に対して行われることになる。

各熱切断法の対象切断材と切断板厚について説明する。ガス切断で切断できる材料は，軟鋼6.0〜600mmが主流であるが，過去においては4,000mmまで切断した記録がある。

表2　ガス切断、プラズマ切断、レーザ切断の特徴

（ガス切断を基準。○（×）の数が多いほど、ガス切断より優れて（劣って）いる。）

	評価項目	ガス切断	プラズマ切断	レーザ切断
	対象切断材	酸素と反応する金属（軟鋼、チタン等）	すべての金属[1]	すべての材料。ただし、反射物質及び光透過性のものは困難
	対象切断板厚[2]（単位：mm）	軟鋼 6.0〜600	軟鋼　0.8〜50　ｽﾃﾝﾚｽ　1.0〜100　アルミ　1.0〜100	軟鋼　0.1〜25　ｽﾃﾝﾚｽ　0.1〜25　アルミ　0.1〜12
切断品質	面粗さ（軟鋼）[3]	○	○○（アルミ×）	×〜○
	平面度	○	×〜○	○
	ベベル角	○	×〜○	○
	上縁の溶け	○	×〜○	○○
	スラグ付着[4]	○	×〜○	○
	寸法精度（熱変形）	○	○○	○○○
	硬さ（軟鋼）	○	○	○
	溶接性（軟鋼）	○	○[5]	○
生産性	切り込み時間	○	○○	○○
	切断速度	○	○○○	○○
	歩留まり（溝幅）	○	×	○○
	多本同時切断	○	×	××
	共通線切断	○	×	○
	自動化率	○	○○	○○○
	メンテナンス性	○	×	××
	ランニングコスト[6]	○	○○○	○○
	付帯設備	○	×	×
	設備費	○	×	××
作業環境	ヒューム（粉塵）	○	××	×
	騒音	○[7]	×	○○[7]
	光	○	×	××
	熱輻射	○	○○	○○○

＊1　非移行式プラズマを使用すれば、非金属の切断も可能であるが、実績に合わせた。
＊2　一般的に適用される板厚の目安。
＊3　粗さに関しては、軟鋼板厚12〜20mmで評価した。
＊4　プラズマ切断、レーザ切断では、スラグをドロスと表現している。
＊5　エアプラズマの場合、切断面に窒化物生成の可能性あり。
＊6　トーチ1本当たり。（¥／m）　軟鋼板厚25mmまでを対象とした。
＊7　アウトミキシング（ガス切断）及び高圧窒素（レーザ切断）の場合、騒音は大きくなる。

表3　プラズマ切断の適用範囲

対象切断材	切断適用板厚	一般的な作動ガス	電極材料
軟鋼	0.5〜50mm	酸素、空気 酸素＋窒素シールド	ハフニウム
ステンレス鋼	0.5〜150mm	アルゴン＋水素＋窒素	タングステン
	0.5〜50mm	窒素＋シールド水	
アルミニウム	0.5〜100mm	アルゴン＋水素＋窒素	

表4　熱切断法の板厚12mmの切断品質比較

		ガス切断	プラズマ切断	CO_2レーザ切断(パルス)	ファイバーレーザ切断(パルス)
切断面					
カーフ形状					
切断品質	面粗度[※1]	50μm	30μm	30μm	30μm
	ドロスの付着	なし	なし	なし	なし
	ベベル角度	1度以下	1.5度以下(片側のみ)	0.6度以下	0.6度以下
	上縁の溶け	わずかに丸み有り	丸みがある	なし	なし
カーフ幅		1.5mm	3.0mm	0.7mm	0.9mm

※1　面粗度は、最大高さRz(JIS B0601:2013)で示している。

プラズマ切断の最大切断能力は，軟鋼は50mmまで，ステンレス鋼は150mmまで，アルミニウムは100mmまで切断可能である。プラズマ切断では，表3に示すように切断材により作動ガスや電極材料が異なる。

　CO_2レーザ切断の最大切断能力は，6kW発振器で軟鋼は32mmまで，ステンレス鋼は25mmまで，アルミニウムは12mmまで適応する。高出力化が続いているファイバーレーザ切断の最大切断能力は，12kW発振器で軟鋼は38mmまで，ステンレス鋼は30mmまで，アルミニウムは30mmまで適応する。なお，レーザ切断の場合もプラズマ切断と同様に，切断材によりアシストガスの種類が異なる。軟鋼切断は酸素，ステンレス鋼は窒素，アルミニウムは窒素または空気が一般的に使用される。

　表4に各熱切断法で軟鋼SS400板厚12mmの切断を行った場合の切断品質を示す。

　切断品質の評価には，国際規格ISO9013があるが，日本国内においては日本溶接協会規格WES2801ガス切断面の品質基準を，ガス切断だけでなく，プラズマ切断，レーザ切断に適応して評価されている。軟鋼12mmの切断品質では，プラズマ切断の上縁の溶けを除き，どの切断法も1級の品質が得られている。各熱切断法を比較した場合，面粗度，ドロスの付着では差がないが，ベベル角度，上縁の溶けでは，レーザ切断が最も良く，ガス切断，プラズマ切断の順に品質が低下している。

　レーザ切断は，他の熱切断法と比べて，カーフ幅が小さく，上縁の溶けがないなどの特長がある。

　図5は，板厚6〜50mmの軟鋼SS400を対象に各種熱切断法の切断速度と切断板厚の関係を示している。切断速度は，プラズマ切断が最も速く，次にレーザ切断，ガス切断の順になる。近年ではファイバーレーザの出力が高くなり，プラズマ切断の切断速度に近づきつつある。

　また，切断が可能な板厚については，ガス切断が最も厚く，次にプラズマ切断，レーザ切断の順となる。

　ランニングコストについては，ガス，電力，消耗品の各費用，および保守費と作業者の人件費の合計を時

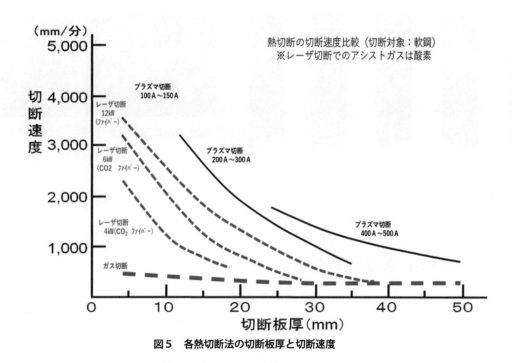

図5　各熱切断法の切断板厚と切断速度

ガス　　：予熱ガス＝プロパン　CO₂レーザ：6kWCO₂
プラズマ：500A酸素プラズマ　　ファイバーレーザ：6kWファイバー

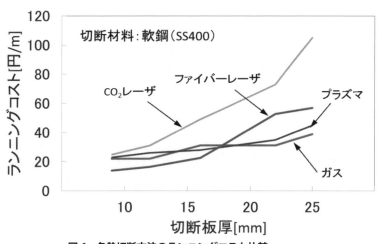

図6　各熱切断方法のランニングコスト比較

間単価で算出し，それに切断速度を考慮して単位切断長さのコストで考えることが一般的である．ガス，電力などのコストは地域や使用量によって変わるため，各切断法を一概に比較することは難しいが，一般的な価格を基に1本トーチで切断した場合の単位切断長さ（1m）当りのランニングコストの試算結果を**図6**に示す．

　人件費を除いた場合のランニングコストでは，ガス切断とプラズマ切断がほぼ同等で，レーザ切断の順で高くなる．ファイバーレーザ切断はCO₂レーザ切断よりも消費電力が小さく，レーザ発振に必要なレーザガス，ミラーなどの消耗品が少ないため，ランニングコストは小さくなる．実際のコスト算出では，人件費を含めて考慮する必要があるが，複数のトーチを使用できるガス切断，切断速度が大きいプラズマ切断，無監視運転ができるレーザ切断など様々なケースがあるので，各切断における人件費を実際に調べ比較検討する必要がある．

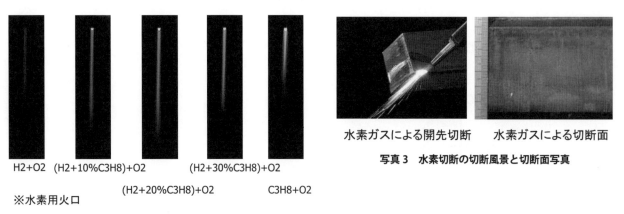

水素ガスによる開先切断　　水素ガスによる切断面

写真3　水素切断の切断風景と切断面写真

H2+O2　(H2+10%C3H8)+O2　　(H2+30%C3H8)+O2

(H2+20%C3H8)+O2　　　C3H8+O2

※水素用火口

写真2　　予熱炎の外観

4．各熱切断の最新技術

ここでは，各種熱切断方法について，ここ数年で話題となった技術について示す。

4.1　ガス切断

ガス切断は，燃料ガスに炭化水素系ガス（アセチレン，プロパン）が多く使用されているが，近年 CO_2 削減と能力向上から，燃料ガスに水素ガスを使用するガス切断が注目されている。水素ガス単体では，白心が見えず火炎調整ができないことから，着色のために水素ガスに若干の炭化水素系のガスを混ぜて使用されている。**写真2**に予熱炎の概観を示す。水素ガスを使用した場合，炭化水素系ガスと比較すると，切断時の火炎からの輻射熱が少ないことと，切断速度が速くピアス時間が短縮できること，熱変形が少ないこと，開先切断が容易であること，爆発限界下限値および発火温度が高いためアセチレンやプロパンに比べ安全であることなどの特長が挙げられる。**写真3**に燃料ガスに水素ガスを用いたガス切断面を示す。

また近年では，ピアシング時のスパッタ付着を低減できる新たな火口が販売されており，従来の火口寿命より2～8倍長寿命化する実績も得られている。

4.2　プラズマ切断

最近のプラズマ切断装置は，アークON/OFF時のガスおよび電流制御を最適化し，電極やノズルの冷却効率を向上させることで，消耗品の長寿命化が図られている。また，酸素プラズマ切断用の電極チップはハ

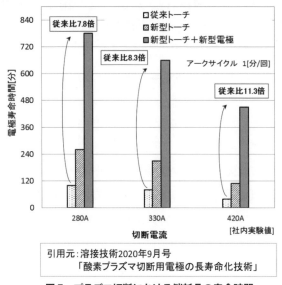

□従来トーチ
▨新型トーチ
▩新型トーチ＋新型電極

アークサイクル　1[分/回]

従来比7.8倍

従来比8.3倍

従来比11.3倍

電極寿命時間[分]

切断電流

[社内実験値]

引用元:溶接技術2020年9月号
「酸素プラズマ切断用電極の長寿命化技術」

図7　プラズマ切断における消耗品の寿命時間

フニウムが広く使用されているが，ハフニウムよりも高融点の材料を電極チップに採用することで，寿命を飛躍的に向上させる技術も開発されており，**図7**にこれらの消耗品寿命データの一例を示す。これらの他に，切断中のトーチと材料の接触によるノズル損傷を低減する等の対策を講じることで，実運用ベースでの消耗品全体の長寿命化も図られている。

4.3　レーザ切断

　レーザ切断では，近年CO_2レーザに替わりファイバーレーザが広く普及し始めている。この背景には，各種切断機メーカーがファイバーレーザに適した光学設計や流体制御の最適化に取り組んだ結果，これまで問題であった切断面中央の粗さや凹みやベベル角度が大きく改善し，板厚25mmの中厚板でもCO_2レーザと比較して遜色ない切断品質が得られるようになったことが挙げられる（**表5**参照）。

　また，ファイバーレーザは高出力化が進んでおり，レーザの高出力化に伴って切断速度の向上と切断可能な板厚範囲が大幅に広がっている。6kWファイバーレーザにおけるCW切断の適用板厚範囲は16mmまでであったが，12kWでは28mm，20kWでは36mmまで拡張できる切断結果も得られており，プラズマ切断の適用範囲に迫ってきた。**図8**に示すように500Aプラズマの切断速度に対してレーザ出力が大きくなるにつれて切断速度も近づいており，特に板厚25mmではプラズマに対して89%の切断速度にまで近づいてきている。

表5　CO_2レーザとファイバーレーザの切断品質比較

	6kW-CO_2レーザ	6kW-従来ファイバー	6kW-最新ファイバー	12kW-最新ファイバー
切断面写真				
切断速度 (mm/min)	650	650	700	1,250
面粗度R_Z (μm)[※1]	49.0	85.3	39.5	36.5
カーフ幅差 (mm)	−0.91	−1.06	−0.60	−0.40
ベベル角度(°)	−1.0	−1.5	−1.0	−0.2
凹み(mm)	0.20	0.45	0.15	0.08
ドロス	無	無	無	無

※1　面粗度は JIS B0601:2013 による最大高さ粗さR_zにおいて、上面、中央面、下面の最大値を示している。

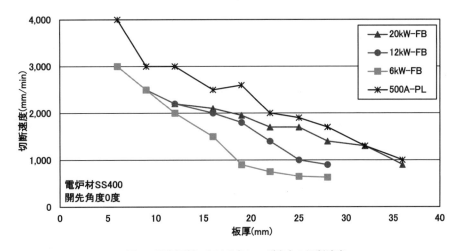

図8　垂直切断における各レーザ出力の切断速度

　さらに，開先切断への適応も進んでおり，6kW-CO_2 レーザと 20kW ファイバーレーザの開先切断能力比較として，軟鋼材の 45 度開先切断における切断品質比較を**表6**に示す。表 45 度開先切断が可能な最大板厚は，6kW-CO_2 レーザが 16mm に対して，20kW ファイバーレーザは 25mm に拡張している。開先切断品質については，6kW-CO_2 レーザの板厚 16mm と 20kW ファイバーレーザの板厚 25mm はほぼ同等となっている。また，**図9**に示すように 500A プラズマの切断速度に対して，20kW では垂直切断と同じく開先切断においてもプラズマ切断の速度に迫っている。

表6　ファイバーレーザと CO_2 レーザの表 45 度開先切断面比較

	20kW ファイバレーザ	6kW CO_2レーザ
板厚	25mm	16mm
垂直		
切断速度	1,700mm/min	1,500mm/min
表45度開先		
切断速度	950mm/min	700mm/min

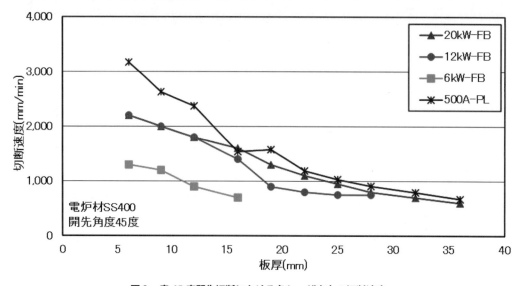

図9　表 45 度開先切断における各レーザ出力の切断速度

5．安全

　熱切断では，切断開始時の孔あけ時（ピアシング，ピアス）に，激しいスパッタ（高温の溶融金属）の飛散がある。切断機周辺に可燃物が放置してあると，スパッタにより引火し火災の原因になる。スパッタは，状況により 5m 以上飛散することもあり，スパッタによる火災の防止は，非常に重要である。一般的な防止策は以下の通りである。

　・切断機周辺には，絶対に可燃物（加工図面，作業指示書，ウエス，軍手，油，ゴミ箱）を置かない
　・切断機周辺の清掃，整理，整頓
　・無人運転はしない

　自動切断機であっても，必ず万が一の場合に備え，消火器を用意しておくことも重要である。

　表7に各熱切断作業の危険性，環境保全，公害関係について示す。

ガス切断では，アセチレンやプロパンなどの燃料ガスと酸素ガスを使用するため，逆火に注意する必要がある。アセチレンを用いる場合，切断機器には逆火防止装置の設置が義務付けられているが，その他の燃料ガスでも使用することが望ましい。また，切断機の能力を最大限に引き出し，かつ，安全に使用するためには，機器の日常点検，定期点検を実施することが必要不可欠である。

　プラズマ切断では，切断している時の音とプラズマ光およびヒュームの発生に留意する必要がある。切断時の音の強さは，約110dB と非常に大きな音を発生するため，耳栓などの遮音対策が必要である。また，切断時の光は非常に強く，直接作業者は勿論のこと周囲作業者に対しても遮光対策が必要となる。熱切断の中でも，プラズマ切断はヒュームの発生量が多く，集塵装置などの設置も必要である。なお，プラズマ切断により発生するヒュームおよび塩基性酸化マンガンが，労働者に神経障害等の健康障害を及ぼすおそれがあることが明らかになったことから，労働者の化学物質へのばく露防止措置や健康管理を推進するため，労働

表7　切断作業中の危険性、環境保全、公害関係

項目	小項目	評価の基準	ガス切断	プラズマ切断	レーザ切断
作業および作業環境	作業中の危険性	作業中に注意しなければならない危険性とその予防方法または設備	逆火。アセチレンを用いた場合には、高圧ガス保安法の規定により、逆火防止装置を設置しなければならない。	感電。切断中人体がトーチに接触しまいようにしなければならない。	材料表面からの乱反射光。アクリル板等による遮蔽板の設置。
	作業環境の保全	作業環境の清掃の保全		集塵装置を設置して、切断材料によるヒューム及び粉塵並びにプラズマアークによるNOXの排除を行う。	
	騒音	切断中、ノズルおよび切断溝から発生する騒音。	切断溝を切断酸素気流が吹き抜ける音がレーザ切断に比べ高い。	最も高い。装置に施す設備は開発されていない。耳栓を着用する。	ガス切断に比べて低い。
	光	切断材料が溶融又は燃焼する際に発生する光及び切断手段が発生する光が目に与える障害の予防方法	作業者が保護眼鏡を着用する。	作業者が保護眼鏡を着用する。切断トーチに遮光フードを装着する。	作業者がレーザ光の種類と出力にあった保護眼鏡を着用する。

安全衛生法施行令，特定化学物質障害予防規則および作業環境測定施行規則ならびに作業環境評価基準等について改正が行われ，2020年4月22日に公布および告示され，2021年3月1日から施行されることとなった。これにより，アークを用いて金属を溶断またはガウジングする作業または業務について，新たに作業主任者の選任，作業環境測定の実施および有害な業務に現に従事する労働者に対する健康診断の実施が必要となり、当該労働者が適正な呼吸用保護具を適切に装着されていることを確認し，その結果を3年間保存することが義務付けられている。

　レーザ切断では，切断で使用されているレーザ光は目視できない光であり，特にファイバーレーザは眼に対する危険度が非常に大きい。レーザ光が眼に入ってしまった場合，CO_2レーザでは角膜や水晶体でレーザ光が吸収されて眼の表面の傷害で済むが，ファイバーレーザでは眼球奥の網膜で焦点を結ぶことになるため，最悪の場合，失明に至ることがある。そのため，作業の際は必ず保護メガネの着用が必要である。なお，保護メガネの仕様は使用するレーザにより異なるため，レーザの種類（波長）や出力にあった適切なものを選ぶ必要がある。ちなみに，ファイバーレーザにおいて，2～19kWの出力にはOD（Optical Density：光学濃度）7，20kW以上の出力にはOD8の保護メガネが必要である。

7．おわりに

　ここまで熱切断の代表であるガス切断，プラズマ切断，レーザ切断について，原理，性能，最新技術などについて説明してきた。3つの熱切断法それぞれの特徴について理解いただけたと思う。今後の販売活動の参考にして頂ければ幸いである。

参 考 文 献

1) 日本溶接協会　ガス溶断部会　技術委員会　溶断小委員会：要説　熱切断加工の"Q＆A"，日本溶接協会（2009）
2) ガス切断の性能と品質・安全　2010.8.26　（社）日本溶接協会　熱切断講習会資料
3) 日本溶接協会：日本溶接協会規格 WES2801　ガス切断面の品質基準（1980）
4) 長堀ら：中・厚板レーザ切断の最新技術　日本溶接学会論文集
5) 山本：酸素プラズマ切断用電極の長寿命化技術　溶接技術 2020年9月号
6) 厚生労働省労働基準局長：基発 0422 号第4号　労働安全衛生法施行令の一部を改正する政令等の施行等について

安全衛生保護具の基礎知識

山川 純

スリーエム ジャパン イノベーション株式会社　安全衛生製品技術部

1. はじめに

　職場・作業現場には様々なリスクが潜んでいる。作業者の安全と健康を守るために，労働衛生管理を行うことが大切だ。労働衛生管理の基本として，作業環境管理，作業管理，健康管理がある（労働衛生の3管理）。作業環境管理とは，作業環境中の有害因子の状態を把握して，できるかぎり良好な状態で管理していくことである。作業管理とは，作業方法などを適正化したり，保護具を着用したりして有害物質の体内への侵入量を減らすことが含まれる。健康管理とは，作業者の健康状態を健康診断で把握し，その結果に基づいて適切な措置などを実施して，作業者の健康障害を未然に防ぐことである。作業現場のリスクから作業者を守るためには，作業環境管理と作業管理がある。装置の自動化や局所排気装置の導入などの工学的対策や，作業手順の改善などの管理対策は，技術的な面や経済的な面で必ずしも実行できるとは限らない。そのような場合，有効な保護具を使用することで，リスクを低減していく。

　ここでは，溶接作業に存在する危険・有害因子や有効な保護具，高所作業における墜落の危険性から身を守る墜落制止用器具について説明する。

2. 溶接作業に存在する危険・有害因子と人体に与える影響

　溶接は2つ以上の部材を溶融・一体化させる技術で，代表的な金属加工方法の一つである。自動車や鉄道などの輸送機，建設機械，鉄骨など我々の身近なところで用いられている重要な技術だが，作業者の人体に有害な影響を与える危険性も潜んでいる（表1）。その中で，特にヒュームと有害光線について，詳細に

表1　溶接作業に潜む主な危険因子、人体への影響、有効な保護具

危険・有害因子	人体への影響		有効な保護具の例
	部位	主な疾病	
粉じん・ヒューム	呼吸器	・ じん肺 ・ 肺がん	・ 防じんマスク ・ 電動ファン付き呼吸用保護具 ・ 送気マスク
有毒ガス（一酸化炭素など）	呼吸器	・ 中枢神経障害	
有害光線（紫外線・可視光線・赤外線）	眼	・ ドライアイ ・ 白内障	・ 遮光保護具
	皮膚	・ 皮膚がん	
飛来・落下物	頭部	・ 頭蓋骨骨折	・ 保護帽
騒音	耳	・ 難聴	・ 耳栓 ・ イヤーマフ

述べる。

2.1 ヒューム

溶接の際には，ヒュームと呼ばれる粒子が発生する。ヒュームは，母材や溶接材料の金属が高温で熱せられることで気化してから空気中で再凝結して固体粒子になったもの。その粒径は溶接の条件などにも左右されるが，$0.1 \sim 1 \mu$ m 程度である。

肺の奥にある肺胞まで到達する大きさの 4μ m 以下の粒子（吸入性粉じん）を長い年月にわたって多量に吸い込むと「じん肺」と呼ばれる病気を発症する。溶接ヒュームは肺胞まで到達する大きさの粒子であり，じん肺の原因となる。

じん肺になると肺の組織が線維化し，硬くなって弾力性が失われる。そのため，呼吸機能の極度の低下が起こり，気胸などとの合併症も発症しやすくなる。いったんじん肺にかかると，もとの正常な肺にはもどらない。

また，溶接ヒュームに含まれる金属は 10 種類以上あり，ばく露されると肺がんの発症リスクが上昇することが報告されている。マンガンを含んだヒュームへのばく露による神経機能障害も知られている。

呼吸器の疾患を未然に防ぐため，溶接ヒュームを吸入しないための対策が求められる。

粉じん作業においては，通常，局所排気装置の設置を検討するが，溶接作業においては以下のような幾つかの理由から設備の導入が困難な場合が多い。

理由1） 金属アーク溶接作業は移動作業が多く，粉じん発散源の場所が一定ではない

理由2） アーク溶接では，溶接不良を避けるため，溶接点での風速が大きくなりすぎないよう管理すべきとされている

そのため，溶接作業においては粉じん発生源対策を講じることが困難であり，呼吸用保護具を使用することでヒュームを吸入しないようにする必要がある。

2.2 有害光線

アーク溶接時にはアーク光と呼ばれる有害光線が発生し，作業者は強烈な紫外線・可視光線・赤外線にさらされる。アーク光に眼が直接さらされると，紫外線による角膜の炎症，可視光による青色光網膜傷害，赤外線による網膜や角膜のやけど等が発生する。青色光網膜傷害については一時的な視界の欠落や不快感を引き起こす。また，皮膚に対しては皮膚炎の原因となる。

溶接光に慢性的にさらされ続けると，白内障や皮膚がんを発症するおそれがある。したがって，アーク溶接作業者は有害光線から眼や皮膚を保護する必要がある。また，レーザ溶接においては，エネルギー密度が高いレーザが使用されており，こちらにおいてもレーザ光から眼を保護する必要がある。

3．有害物質から体を守る保護具

3.1 呼吸用保護具

粉じんや有害ガスから呼吸器を守る呼吸用保護具はろ過式と給気式に大別される（**図1**）。

ろ過式はろ過材・吸収缶を通して，粉じんや有害ガスなどを除去して清浄な空気を吸う仕組みになっている。酸素欠乏の恐れのある場所での使用は生命に関わる場合があるので，酸素濃度が 18% 以上の場所でないと使用できない。

給気式はホースにより清浄な空気を供給する送気マスクと，空気や酸素を自分で携行する自給式呼吸器に分けられる。給気式は酸素濃度 18% 未満の環境でも使用できる。

溶接ヒュームから呼吸器を守る呼吸用保護具として，一般的には防じんマスクや電動ファン付き呼吸用保

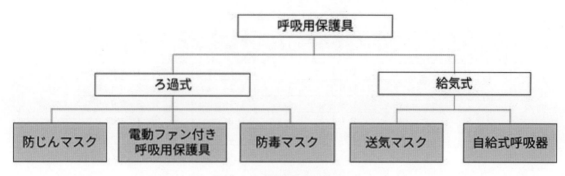

図1　呼吸用保護具の種類

護具（PAPR）が使用される。電動ファン付き呼吸用保護具は英語で Powered Air-Purifying Respirator と呼ばれ，頭文字を繋げた略語である PAPR と呼ばれることもある。

　エアーコンプレッサーなどから供給される清浄な空気を，ホースを経由して作業者へ送り込むこと送気マスクも，ヒュームから呼吸を保護することに対して機能的には有効だ。しかし，移動作業が多い溶接作業では，ホースが作業性に影響することもあるので，送気マスクが溶接作業で選択されることはあまりない。

　呼吸用保護具を選択する際に「防護係数」という概念がある。この防護係数は，保護具によって得られる防護効果を表す係数で，環境中の有害物質濃度と吸気中の有害物質濃度を測定して下記の式で算出される。防護係数が高いほど，着用している呼吸用保護具の防護性能が高いことになる。

$$\text{防護係数} = \frac{100\,(\%)}{\text{全漏れ率}\,(\%)} = \frac{\text{環境中の有害物質濃度}\,(\text{マスクの外側})}{\text{吸気中の有害物質濃度}\,(\text{マスクの内側})}$$

　指定防護係数という，各機関により規定された呼吸用保護具の種類ごとの防護係数がある。これは，訓練された着用者が，正常に機能する呼吸用保護具を正しく着用した場合に，少なくとも得られるであろうと期待される防護係数となる。日本では JIS T 8150：2006（呼吸用保護具の選択，使用および保守管理方法）にて定義されている。

　呼吸用保護具を着用したときに，許容ばく露限界以下の濃度の空気を吸うために，環境濃度（マスクの外側）と許容ばく露限界（吸気中の濃度）の比よりも大きな指定防護係数を有する呼吸用保護具を着用しなければならない。

3.2　防じんマスク

　防じんマスクは，着用者の呼吸によって吸引した環境空気中の粒子状物質をろ過材で除去するタイプの呼吸用保護具である。使い捨て式防じんマスクと取替え式防じんマスクがある（**図2，3**）。

　取替え式防じんマスクは息苦しくなったときや，ろ過材に損傷が認められたときなどにろ過材を交換する。

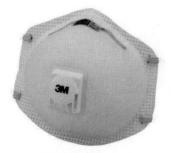

図2　使い捨て式防じんマスクの例

図3　取替え式防じんマスクの例

83

表2　防じんマスクの分類

	オイルミスト なし	オイルミスト あり	区分/粒子捕集 効率
使い捨て式 防じんマスク	DS1	DL1	区分1/80.0%
	DS2	DL2	区分2/95.0%
	DS3	DL3	区分3/99.9%
取替え式 防じんマスク	RS1	RL1	区分1/80.0%
	RS2	RL2	区分2/95.0%
	RS3	RL3	区分3/99.9%

面体は適切にメンテナンスをすることで再使用ができる。一方，使い捨て式防じんマスクはろ過材と面体が一体となっており，使用限度時間に達したときやマスクが型くずれを起こして適切なフィットが得られないときなどに交換する。

　防じんマスクには労働安全衛生法に基づく「防じんマスクの規格」（国家検定規格）が定められており，合格したものには型式検定合格標章が付されている。防じんマスクは国家検定合格品から選定する必要がある。参考規格として JIS T 8151（防じんマスク）がある。

　2018年に「防じんマスクの規格」および JIS T 8151 が改正され，取替え式防じんマスクの中に“吸気補助具付き”という種類が追加されました。これは，着用者の吸気を楽にするための補助的な送風ファンがあるものだ。

　防じんマスクは性能によって，**表2**のように分類されている。

　金属のヒューム(溶接ヒュームを含む)を発散する場所における作業では，区分2以上の防じんマスクが使用される（厚生労働省基発第0207006号「防じんマスクの選択，使用等について」）。

　性能の高い防じんマスクであっても，着用者の顔面と防じんマスクの面体との密着が十分でなく漏れがあると，その効果を発揮できない。防じんマスクの面体は，着用者の顔面に合った形状および寸法の接顔部を有するものを選択する必要がある。そのため，シールチェックやフィットテストなどの方法により，顔面への密着性が良好であることを確認する。

3.3　電動ファン付き呼吸用保護具 (PAPR)

　PAPR は電動ファン，ろ過材，面体等からなり，環境空気中の有害物質をろ過材で除去した清浄な空気を着用者へ供給する呼吸用保護具（**図4**）。面体やヘッドギア内を陽圧に保つことで粉じん等有害物質の漏れ

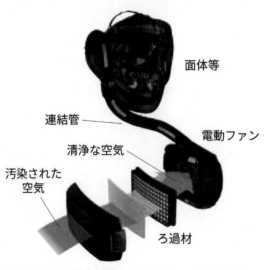

図4　PAPR の構成（隔離式ルーズフィット形の場合）

表3　PAPR の種類と区分

形 状 に よ る 種 類		面 体 等 の 種 類
面体形	隔 離 式	全 面 形 面 体
	隔 離 式	半 面 形 面 体
	直 結 式	全 面 形 面 体
	直 結 式	半 面 形 面 体
ルーズフィット形	隔 離 式	フ ー ド
	隔 離 式	フェイスシールド
	直 結 式	フ ー ド
	直 結 式	フェイスシールド

表4　PAPR の風量による区分

区 分	最 低 必 要 風 量 （L/min）
大 風 量 形	138
通 常 風 量 形	104

表5　PAPR の漏れ率による区分

区 分	漏 れ 率 （％ 以 下）
S 級	0.1
A 級	1.0
B 級	5.0

表6　PAPR のろ過材の性能による区分

区分（試験粒子による）		粒 子 捕 集 効 率 （％ 以 上）
DOP（フタル酸ジオクチル）	NaCl（塩化ナトリウム）	
PL3	PS3	99.97
PL2	PS2	99.0
PL1	PS1	95.0

込みを抑え，着用者を高い防護性能で保護するとともに，呼吸が楽なので作業負担を軽減する。PAPR は形状・種類により，**表3**に示すように区分されている。

　風量，漏れ率，ろ過材の性能は**表4～6**のように区分されている。

　PAPR も防じんマスクと同様，労働安全衛生法に基づき国家検定の対象となっている。「電動ファン付き呼吸用保護具の規格」が定められており，合格したものには型式検定合格標章が電動ファン・ろ過材・面体/フード/フェイスシールドに付されている。参考規格として JIS T 8157（電動ファン付き呼吸用保護具）がある。

　なお一酸化炭素が発生するおそれがあるアーク溶接（マグ溶接，炭酸ガス溶接，被覆アーク溶接）において，溶接作業者の背後に吸気口が付いている電動ファン付き呼吸用保護具は，吸入する一酸化炭素濃度の低減が期待できるとされている (厚労省基安化発 0722 第 2 号)。

3.4　遮光保護具

　アーク溶接・溶断・がウジング時に発生する有害光線から作業者を守る遮光保護具を検討する際，スパッタや火花から顔面や露出した皮膚を守ることも必要になるので，一般的に溶接面が使用される。溶接面には次のようなものがある。

●手持ち面（ハンドシールド）：作業者が手に持つタイプ

●かぶり面：頭部にかぶるタイプ。保護帽と一体化できるものもある

85

 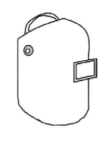 

図5　溶接面の例（左：手持ち面、中央：かぶり面、右：自動遮光溶接面）

表7　溶接の種類と遮光度の目安（EN379による推奨遮光度）

溶接方法等	使用電流（A）																				
	1.5	6	10	15	30	40	60	70	100	125	150	175	200	225	250	300	350	400	450	500	600
被覆アーク溶接					8			9		10		11			12		13			14	
MAG溶接				8			9		10		11			12			13				
TIG溶接			8			9			10		11			12		13					
MIG溶接							9		10		11			12		13		14			
MIG溶接（軽合金）									10		11		12		13		14				
エアーアーク・ガウジング				10						11		12		13			14		15		
プラズマ・ジェット切断								9	10	11		12			13						
マイクロプラズマ・アーク溶接	4	5		6	7		8		9		10		11		12						

※ JIS規格もあわせて参照して使用時の遮光度を設定してください。

●自動遮光溶接面：自動で遮光する液晶フィルタと溶接フードが組み合わされたタイプ。作業前は明るく，溶接時にはアーク光を感知して瞬時に遮光度が変わる

　溶接面の例を**図5**に示す。

　溶接面を使用する際は，溶接等の種類や条件に応じて適切な遮光度を選定する必要がある（**表7**）。

　レーザ溶接に用いるために工場に設置されているレーザ機器は，通常周囲へ直接レーザ光が漏れない設計がなされていると思われるが，レーザ機器がある域内へ立ち入る場合にはレーザ用保護めがねを着用しなければならない。レーザ用保護めがねは，レーザの種類・波長などを考慮して選定する必要がある。選定の際はレーザ機器やレーザ用保護めがねの製造業者等へ相談することが望ましい。

4．溶接作業における最近の動向

4.1　「溶接ヒューム」および「塩基性酸化マンガン」の健康障害防止措置

　"労働安全衛生法施行令の一部を改正する政令"，"特定化学物質障害予防規則および作業環境測定法施行規則の一部を改正する省令"，"作業環境評価基準等の一部を改正する告示"が，2020年4月22日に公布および告示され，2021年4月1日から施行することとされた。主なポイントは以下のとおり。

●「溶接ヒューム」と「塩基性酸化マンガン」が新たに特定化学物質（管理第2類物質）となる

●屋内のアーク溶接，溶断，ガウジング作業では「全体換気」もしくは同等以上の措置を実施

●上記作業を継続して行う屋内作業場では「個人サンプリング」で溶接ヒューム濃度の測定を実施（従来の「作業環境測定」や「管理区分の決定」は義務付けない）

●測定結果に応じ，有効な呼吸用保護具を選び，労働者に使用させる

●面体形のマスク（防じんマスク，面体形PAPRなど）を選択した場合，年に一度のフィットテストが義務化される

　溶接ヒューム濃度の測定や有効な呼吸用保護具の選定など，一部の項目については2022年3月31日までの間，経過措置が設けられている。

4.2 PAPR の着用・活用

第9次粉じん障害防止総合対策（基発 0209 第 3 号）では，性能の高い呼吸用保護具として電動ファン付き呼吸用保護具の着用・活用が勧奨されている。

じん肺新規有所見労働者は依然として発生しており，業種や職種を問わず，粉じんのばく露防止対策に効果的な呼吸用保護具の使用が求められている。PAPR の使用は，防じんマスクを使用する場合と比べて，一般的に防護係数が高く身体負荷が軽減されるなどの観点から，より有効な健康障害防止措置とされている。

また，PAPR は粉じん則等において，特定の作業において着用が義務付けられているが，その性能の高さから，特定の作業以外においても着用が勧奨されている。

5．墜落制止用器具：法改正のポイントと基礎知識

5.1 法改正と背景

労働安全衛生規則では，高所作業における墜落等による危険の防止として，事業者は「高さが 2 メートル以上の箇所で作業を行なう場合は作業床を設け，作業床の端や開口部等で墜落により労働者に危険を及ぼすおそれのある箇所には，囲い，手すり，覆い等を設けなければならない。」と規定されている。こうした措置が困難な場合には，"墜落制止用器具"を使用させる等の転落の危険を防止するための措置を講じなければならないこととされている。

厚生労働省より報告された「平成 29 年労働災害統計」によると，墜落・転落による死傷災害は年間約 2万件と報告されている。これは一日あたり 50 人もの作業者が墜落・転落により被災していることになる。死亡災害は 978 件発生しており，そのうち墜落・転落によるものは 258 件で 26% 超を占め，半数近くの135 件が建設業に携わっている方々となっている。

こうした背景を受け，厚生労働省は，安全帯の性能要件見直しと適切な使用方法習得の義務化を主な柱とした法改正を実施した。具体的には，労働安全衛生法施行令と労働安全衛生規則の一部が改正され，2019年 2 月 1 日に施行された。同日には，安全帯の規格を改正した「墜落制止用器具の規格」も施行された。

5.2 法改正のポイント

①法改正により，「安全帯」は「墜落制止用器具」に変わった。墜落制止用器具には「フルハーネス（一本つり）」「胴ベルト（一本つり）」およびそれらと取付け設備とを接続させる「ランヤード」が含まれる。従来安全帯に含まれていた「胴ベルト（U 字つり）」は墜落を制止する機能がないことから，法改正後には単独での使用ができなくなっている。ワークポジショニング作業には上記の墜落制止用器具に U 字つりロープ等の器具を付加して使用する。

②高所作業では，フルハーネスの着用が原則となる。フルハーネスは複数のベルトで身体を支えることができるため，墜落制止の際に衝撃を分散し，胴ベルトに比べて身体保護の観点でより安全性が高くなる。事業者は取付け設備の高さ，作業者の体重と装備品の合計の質量，作業内容等を確認して適切な墜落制止用器具を選択する必要がある。作業箇所の高さによっては胴ベルトの使用が可能な場合がある（**図 6**）。一般的な建設作業の場合は 5m を超える箇所，柱上作業等の場合は 2m 以上の箇所で，フルハーネスの使用が推奨

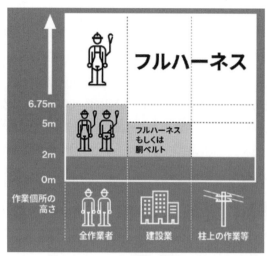

図6　フルハーネス使用範囲のイメージ

※作業箇所の高さが 6.75 m を超える場合はフルハーネス着用必須。
柱上の作業等、建設業のフルハーネス着用が必要な高さは、墜落制止用器具の安全な使用に関するガイドラインによる。

されている。

③ 2019 年 2 月以降に 2m 以上の箇所であって作業床を設けるのが困難なところにおいてフルハーネスを着用して作業に従事する場合には，事前に安全衛生特別教育（学科 4.5 時間，実技 1.5 時間）を受講し，製品および作業に関する知識，正しい使用方法を習得する必要がある。過去に安全帯を着用したにも関わらず，使い方が誤っていて重大事故につながった事例がある。高所で安全に作業を行うため，製品および作業に関する知識，正しい使用方法を理解することが重要である。

④墜落制止用器具（安全帯）の要件を国際規格に整合させ，より確実に安全を担保するため，構造規格およびその測定方法が示される JIS 規格も改訂された。性能の数値だけでなくテストの方法自体が変わる項目，新設される項目もある。フルハーネスであっても新規格に適合していない製品は，2022 年 1 月 2 日以降は高所作業で使用することができなくなる。

⑤フルハーネス，ランヤードの各製品には，85kg，100kg，100kg 超のいずれかの使用可能な最大質量が設定される。事業者は，墜落制止用器具の使用可能な最大質量を確認し，作業者の体重と装備品の合計の質量に耐えられるものを選択する必要がある。

⑥ランヤードはタイプ 1，タイプ 2 から選択が必要。ショックアブソーバを備えたランヤードは，そのショックアブソーバの種別がフックを取付ける設備の高さ等に応じたものを選択する必要がある。腰より高い位置にフックをかける場合はタイプ 1 のランヤード（第一種ショックアブソーバ付），足元に掛ける場合はタイプ 2 のランヤード（第二種ショックアブソーバ付）を選定する。両方の作業が混在する場合はタイプ 2 のランヤードを選定する。

⑦新規格のランヤード製品には，それぞれの製品に墜落制止時の「落下距離」の情報が設けられている。使用前に作業床の高さと落下距離を確認し，墜落を防ぐことができるランヤードを選定する。落下時の衝撃によってロックする機能が備わった巻取り式ランヤードは，ロック機能により，その他のランヤードに比べて落下距離を短くすることができる。

5.3　政省令改正のスケジュールと経過措置期間

旧規格の安全帯を現在ご使用されている場合は，2022 年 1 月 2 日より後には使用できなくなる。経過措置期間終了までに，新規格適合の墜落制止用器具を準備することが必要となる（**表8**）。

表8　政省令改正のスケジュールと経過措置期間

	2018	2019	2020	2021	2022
政省令改正	6/22	2/1			1/1
労働安全衛生法施行令	公布	施行			
および労働安全衛生規則		施行令・規則の経過措置期間			1/1 経過措置満了
高所に関わる事業者・作業者					
旧規格品		これまでどおり購入・使用可能			使用終了
新規格品		購入・使用開始			
安全衛生特別教育		フルハーネス使用者は受講しなければならない			

6．おわりに

　本稿では安全衛生の基礎知識や溶接作業における最近の動向などについて解説した。保護具は「最後の砦」とも言われており，とても重要な存在となる。保護具は適切に使用すれば着用者を守る有効なものとして機能するが，間違った選択や誤使用は，ただ単に役に立たないだけでなく，重大事故につながることもある。保護具の機能が十分に理解され，皆様にとって今後の販売活動の参考になれば幸いだ。

安全保護具

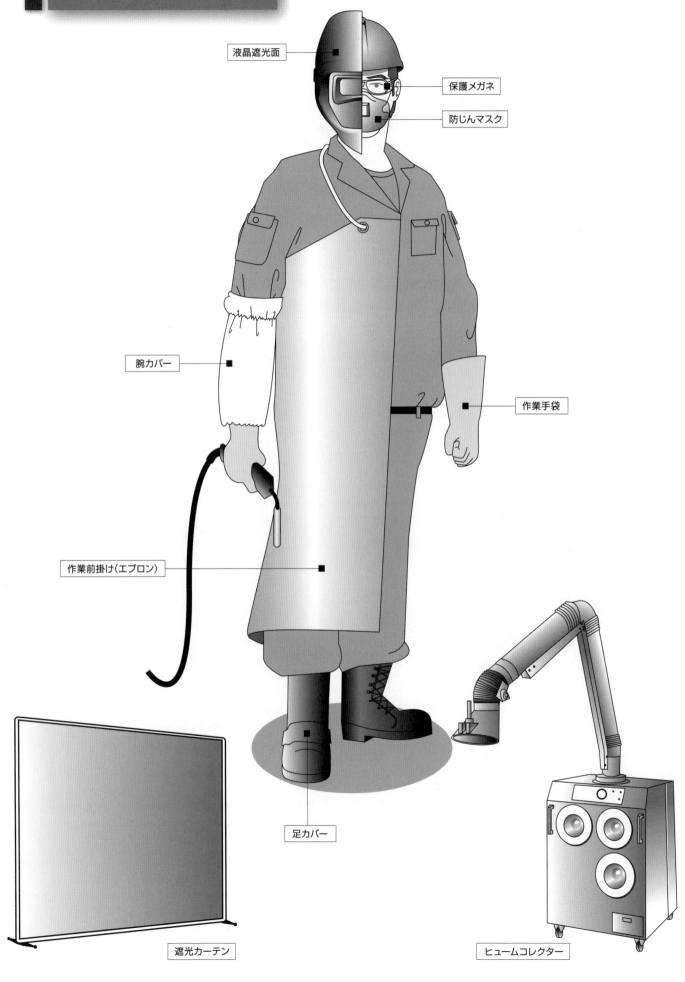

液晶遮光面

保護メガネ

防じんマスク

腕カバー

作業手袋

作業前掛け(エプロン)

足カバー

遮光カーテン

ヒュームコレクター

研削砥石の基礎知識

河瀬 浩志

日本レヂボン株式会社 営業本部 営業企画部 業務推進課

1. 研削砥石について

研削砥石とは，研削研磨加工に使用する回転工具の一種で，広義には切断砥石も研削砥石に含まれる。「砥」の漢字が常用漢字に含まれないため，法令や日本産業規格（JIS）では「研削といし」と表記される。溶接作業との関係は，溶接前には，面取りや開先に使用され，溶接後には，余分なビード落としなどの作業に使用される。

研削砥石は，次の三要素，①と粒（グレーン）＝加工物を削る刃物，②結合剤（ボンド）＝刃先を保持するホルダー，③気孔（ポアー）＝切屑の排出を促すためのすき間で構成されている（**図1**）。

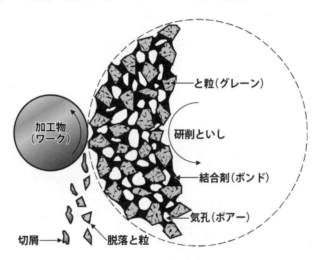

図1　研削砥石の三要素

高速で回転させる研削砥石は，その構造からして周速（※後述）を上げていけば必ず破壊するもので，その取扱いには注意を要し，基礎知識の習得が不可欠である。

2. 研削砥石の特徴について

大きな特徴は，

①「と粒」は常に加工物より硬い

② 使用中に刃先の減った「と粒」が脱落し，次の新しい「と粒」が現れる，を連続して繰り返す（この現象を「自生（発刃）作用」という）

③ 切り込みが小さいので加工物の仕上り状態がきれいである

④ 刃先が無数にあり研削速度が速いので，切り込みが小さいわりには高能率で加工できる

⑤ 加工中の熱は大部分が加工物に吸収される

などである。安全上，特に重要な項目は②と④で，自生（発刃）作用とは研削砥石の局部的な破壊現象であり，研削砥石は徐々に壊れて刃先が再生するから削れるのである。安全なくして高能率研削はあり得ず，高速研削や超重研削などの研削技術も，こうした基礎の上に成り立っている。

3．種類と表示方法について

研削砥石を使用する研削盤には非常に多くの種類がある。研削方法には，研削盤や加工物を手に持って研削量を制御する「自由研削」，研削砥石を固定して機械的に制御する「機械研削」がある。一般的に自由研削で使用されるのは両頭グラインダとアングルグラインダ（**写真1**）である。切断砥石を使用する切断機も自由研削に含まれる。研削盤の種類に応じて研削砥石の形状，寸法および最高使用周速度が異なるため，さらに加工物の材質や研削条件によって仕様を変えるため，その種類は多岐にわたる。近年では，製造現場における働き方の改革や充電式の研削盤の普及が進んだため低負荷かつ高効率で作業できる研削砥石が好まれており，また最近のトピックとして，ワンタッチ取付けの X-LOCK システムを採用したアングルグラインダや専用砥石の登場が挙げられる。

研削砥石の表示方法は，研削盤等構造規格および JIS により統一されている。

①形状

代表的な研削砥石の形状（**図2**）には，「1号平形研削といし」「27号オフセット形研削といし」「41号平形切断といし」があり，それぞれ研削や切断に使用できる使用面が決められ，法令により使用面以外の使用が禁止されている。

②寸法

研削砥石の寸法は，一部の特殊な形状を除いて，外径（㎜）×厚さ（㎜）×孔径（㎜）の順序で表示するのが一般的である。

③と粒（と材，研削材）

と粒は大きく分けて，一般鋼・工具鋼などの鉄系金属に適するアルミナ質研削材（記号A）と，重研削に適するアルミナジルコニア質研削材（Z）と，アルミ・銅・超硬合金などの非鉄系金属やガラス・石材など

写真1　アングルグラインダとオフセット形研削といし

1号平形研削といし

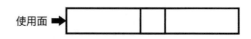

27号オフセット形研削といし

41号平形切断といし

図2　研削砥石の形状

表1　研削材の種類

種　　類	砥石表示記号	名　　称	研削材記号	硬さ及びじん性
炭化けい素質研削材	C	緑色炭化けい素研削材	GC	硬　　　　低
		黒色炭化けい素研削材	C	
アルミナ質研削材	A	白色アルミナ研削材	WA	硬さ　　じん性
		褐色アルミナ研削材	A	
		解砕形アルミナ研削材	HA	
アルミナジルコニア質研削材	Z	アルミナジルコニア研削材	AZ	軟　　　　高

の非金属に適する炭化けい素質研削材（C）が使用される（**表1**）。表示には研削材記号を使用する場合もある。また，複数の種類が混合された場合は「A/WA」のように複数を記載する。

④粒度

　と粒の大きさを表す数値。その数値は小さいほど粗く，大きいほど細かい。粗いと粒で加工すると深く切り込み，細かいと粒だと加工面の凹凸は小さくなる。また粒度が粗いほど機械的強度は低くなる。

⑤結合度（硬度）

　と粒同士の保持の強弱の度合いで，アルファベットで表し，Aに近いほど軟らかい。一般に硬い加工物には軟らかい結合度を，軟らかい加工物には硬い結合度を用いる。また結合度が軟らかいほど機械的強度は低くなる。

⑥組織

　と粒率とは，研削砥石全体に占めると粒の容積比率をいい，組織の数字が小さいほどと粒率が高く，大きいほどと粒率が低い構造である。組織の数字が非常に大きい多孔性砥石（ポーラス砥石）は，強度は低いが目づまりや研削焼けを起こしにくいという長所がある。

⑦結合剤

　と粒同士を結びつけている結合剤の種類には，ビトリファイド（記号V），レジノイド（B），繊維補強付レジノイド（BF），ゴム（R），マグネシア（MG），セラック（E）がある。なかでもビトリファイド結合剤とレジノイド結合剤は，広範囲な用途に用いられる。ビトリファイド結合剤は，1200〜1350℃で焼成する。ガラス質で最も化学的に安定した性質を持っており，主に機械研削で使用されるが，衝撃・急熱・急冷に弱く取扱いには細心の注意が必要である。レジノイド結合剤は，フェノール樹脂を始めとした熱硬化性合成樹脂を約200℃で硬化させる。従来の自由研削・粗研削だけでなく，機械研削の分野の一部でも用いられているが，水分や高熱に弱い性質があり湿気のない乾燥した環境での保管が必要である。

4．安全性について

研削砥石には安全性を確保するために必ず最高使用周速度が定められている。また側面を使用する「オフセット形研削といし」には衝撃値の基準が設けられている。その他にも平衡度や耐水性には注意が必要である。

①最高使用周速度

　周速度とは外周の1点が1秒間に移動する距離で，研削砥石が安全に使用できる最高限度を最高使用周速度と呼び，毎秒何メートル（m/s）の単位で表し，研削砥石にはその表示が義務付けられている。最高使用周速度は安全上絶対に守る必要があり，これを超えての使用は法令で禁止されている。安全に影響する最大要因は回転遠心力に起因する内部応力で，最高使用周速度を超えた周速度に上昇させると，内部応力の増大により破壊する。研削盤に定められた以上の外径の研削砥石の使用は周速度がより速くなるので注意が必要である。

　周速度に似た概念で回転速度または回転数がある。これは研削盤に表示が義務付けられている値で，中心

93

軸が1分間に回転する回数を示し，毎分何回転（min⁻¹またはrpm）の単位で表す（**図3**）。以下が周速度と回転速度の換算式である。

周速度（m/s）＝

研削砥石の外径（㎜）×円周率（3.14…）×回転速度（min⁻¹）÷ 60,000

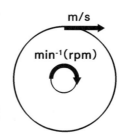

周速度：【単位】m/s
…外周部が1秒間に移動する距離

回転速度：【単位】min⁻¹(rpm)
…中心軸が1分間に回転する回数

図3 周速度と回転速度の違い

②衝撃値

主として側面を使用する「オフセット形研削といし」は，側面に対する衝撃試験を行い，その衝撃値で規制されている。レジノイド結合剤を使用した「オフセット形研削といし」は安全性を高めるために一般的にガラス繊維で補強されている。

③平衡度（バランス）

研削砥石の静的不平衡の程度をいい，平衡度が悪いと振動や片減りを起こし，加工物の仕上げ精度が悪くなるだけでなく，極端な場合は破壊原因になる。「平形研削といし」を使用する両頭グラインダには平衡度を調整するバランシング機能があるが，アングルグラインダや切断機は調整機能がないので，振動の多い研削砥石は使用を控えるべきである。

④耐水性

湿気に弱いレジノイド結合剤を使用した研削砥石は，機械研削では，研削液を使用することが多いので耐水性を考慮して最高使用周速度が決められている。自由研削では，乾式で使用するため耐水性は考慮されていないので，雨ざらしなど保管状態の悪い研削砥石は使用するべきではない。

⑤研削砥石の摩耗状態

と粒が加工物に引っ掛かり摩耗したら脱落していく理想的な研削状態である「正常形」に対し，と粒の脱落が早過ぎて削れない状態を「目こぼれ形」，切屑が気孔中に詰まって削れない状態を「目づまり形」，と粒が摩耗し刃先を失い削れない状態を「目つぶれ形」と呼ぶ（**図4**）。このような状態では，と粒の種類や粒度，

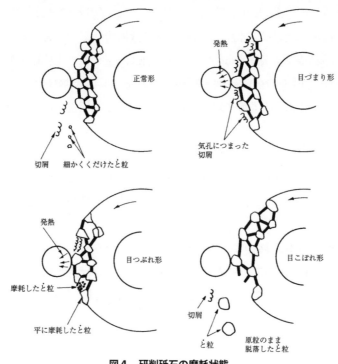

図4 研削砥石の摩耗状態

結合度を正しく選定し直す必要がある。

5. 事故防止のための注意点

研削砥石の取扱いには，次の三原則がある。

①ころがすな

②落すな

③ぶつけるな

研削砥石は，すべて割れる可能性がある。特にビトリファイド結合剤を使用した研削砥石は，落下や衝撃だけでなく，転倒だけでも割れやひびが入ることがある。一般的にビトリファイド結合剤より強いレジノイド結合剤も強い衝撃には割れることがある。したがって安全のためには，研削砥石はガラスを扱うように十分注意し取り扱わなければならない。

6. 特別教育について

『研削といしの取替え又は取替え時の試運転の業務』は厚生労働省令により「危険又は有害な業務」に指定されている（安衛則第 36 条）。事業者は労働者を厚生労働省令で定める「危険又は有害な業務」に従事させるときは，一般の安全衛生教育ばかりでなく当該業務に関する特別教育の実施（安衛法第 59 条）が義務付けられている。多くの場合，研削砥石の使用者が取替えや試運転を行っているため，実質的には使用者に対する教育である。特別教育の内容は，安全衛生特別教育規程で定められ，『自由研削用といしの取替え又は取替え時の試運転の業務に係る特別教育』は，学科教育 4 時間以上と実技教育 2 時間以上，『機械研削用といしの取替え又は取替え時の試運転の業務に係る特別教育』は，学科教育 7 時間以上と実技教育 3 時間以上である。

以下に重要な関係法令を抜粋する。

7. 関係法令の抜粋

◎労働安全衛生法（抄）（昭和 47 年法律第 57 号）

第 5 章 機械等並びに危険物および有害物に関する規制

（譲渡等の制限等）

第 42 条 特定機械等以外の機械等で，別表第 2 に掲げるものその他危険若しくは有害な作業を必要とするもの，危険な場所において使用するもの又は危険若しくは健康障害を防止するため使用するもののうち，政令で定めるものは，厚生労働大臣が定める規格又は安全装置を具備しなければ，譲渡し，貸与し，又は設置してはならない。

第 6 章 労働者の就業に当たっての措置

（安全衛生教育）

第 59 条

①，②（略）

③事業者は，危険又は有害な業務で，厚生労働省令で定めるものに労働者をつかせるときは，厚生労働省令で定めるところにより，当該業務に関する安全又は衛生のための特別の教育を行なわなければならない。

◎労働安全衛生法施行令（抄）（昭和47年政令第318号）

（厚生労働大臣が定める規格又は安全装置を具備すべき機械等）

第13条

①，②（略）

③法第42条の政令で定める機械等は，次に掲げる機械等（本邦の地域内で使用されないことが明らかな場合を除く。）とする。

1（略）

2　研削盤，研削といしおよび研削といしの覆（おお）い

3～34（略）

④，⑤（略）

◎労働安全衛生規則（抄）（昭和47年労働省令第32号）

第1編　通則

第3章　機械並びに危険物および有害物に関する規制

第1節　機械等に関する規制

（規格に適合した機械等の使用）

第27条　事業者は，法別表第2に掲げる機械等および令第13条第3項各号に掲げる機械等については，法第42条の厚生労働大臣が定める規格又は安全装置を具備したものでなければ，使用してはならない。

（安全装置等の有効保持）

第28条　事業者は，法およびこれに基づく命令に設けた安全装置，覆（おお）い，囲い等（以下「安全装置等」という。）が有効な状態で使用されるようそれらの点検および整備を行わなければならない。

第4章　安全衛生教育

（特別教育を必要とする業務）

第36条　法第59条第3項の厚生労働省令で定める危険又は有害な業務は次のとおりとする。

1　研削といしの取替え又は取替え時の試運転の業務

2～41（略）

第2編　安全基準

第1章　機械による危険の防止

第2節　工作機械

（研削といしの覆（おお）い）

第117条　事業者は，回転中の研削といしが労働者に危険を及ぼすおそれのあるときは，覆（おお）いを設けなければならない。ただし，直径が50ミリメートル未満の研削といしについては，この限りではない。

（研削といしの試運転）

第118条　事業者は，研削といしについては，その日の作業を開始する前には1分間以上，研削といしを取り替えたときには3分間以上試運転をしなければならない。

（研削といしの最高使用周速度をこえる使用の禁止）

第119条　事業者は，研削といしについては，その最高使用周速度をこえて使用してはならない。

（研削といしの側面使用の禁止）

第120条　事業者は，側面を使用することを目的とする研削といし以外の研削といしの側面を使用してはならない。

安全衛生特別教育規程（昭和47年労働省告示第92号）

（研削といしの取替え等の業務に係る特別教育）

第1条　労働安全衛生規則（以下「安衛則」という。）第36条第1号に掲げる業務のうち機械研削用といしの取替え又は取替え時の試運転の業務に係る労働安全衛生法（昭和47年法律第57号。以下「法」という。）第59条第3項の特別の教育（以下「特別教育」という。）は，学科教育および実技教育により行なうものとする。

②前項の学科教育は，次の表の上欄（編注・左欄）に掲げる科目に応じ，それぞれ，同表の中欄に掲げる範囲について同表の下欄（編注・右欄）に掲げる時間以上行なうものとする。

科目	範囲	時間
機械研削用研削盤，機械研削用といし，取付け具等に関する知識	機械研削用研削盤の種類及び構造並びにその取扱い方法　機械研削用といしの種類，構成，表示及び安全度並びにその取扱い方法　取付け具　覆（おお）い　保護具　研削液	4時間
機械研削用といしの取付け方法及び試運転の方法に関する知識	機械研削用研削盤と機械研削用といしとの適合確認　機械研削用といしの外観検査及び打音検査　取付け具の締付け方法及び締付け力　バランスの取り方　試運転の方法	2時間
関係法令	法，労働安全衛生法施行令（昭和47年政令第318号。以下「令」という。）及び安衛則中の関係条項	1時間

③第1項の実技教育は，機械研削用といしの取付け方法および試運転の方法について，3時間以上行なうものとする。

第2条　安衛則第36条第1号に掲げる業務のうち自由研削用といしの取替え又は取替え時の試運転の業務に係る特別教育は，学科教育および実技教育により行なうものとする。

②前項の学科教育は，次の表の上欄（編注・左欄）に掲げる科目に応じ，それぞれ，同表の中欄に掲げる範囲について同表の下欄（編注・右欄）に掲げる時間以上行なうものとする。

科目	範囲	時間
自由研削用研削盤自由研削用といし取付け具等に関する知識	自由研削用研削盤の種類及び構造並びにその取扱い方法　自由研削用といしの種類，構成，表示及び安全度並びにその取扱い方法　取付け具　覆（おお）い　保護具	2時間
自由研削用といしの取付け方法及び試運転の方法に関する知識	自由研削用研削盤と自由研削用といしとの適合確認　自由研削用といしの外観検査及び打音検査　取付け具の締付け方法及び締付け力　バランスの取り方　試運転の方法	1時間
関係法令	法，令及び安衛則中の関係条項	1時間

③第1項の実技教育は，自由研削用といしの取付け方法および試運転の方法について，2時間以上行なうものとする。

◎研削盤等構造規格（抄）（昭和46年労働省告示第8号）

第1章　研削盤

（研削といし）

第1条　研削盤に取り付ける研削といしは，第7条から第14条までに定める規格に適合したものでなければならない。

第2章　研削といし等

（最高使用周速度）

第7条　研削といしは，次条および第9条の規定により最高使用周速度が定められているものでなければならない。

（平形といし等の最高使用周速度）

第8条　研削といしのうち，平形といし，オフセット形といし（弾性といしを含む。第13条を除き，以下同じ。）および切断といしの最高使用周速度は，当該といしの作成に必要な結合剤により作成したモデルといしについて破壊回転試験を行なつて定めたものでなければならない。

②〜⑤（略）

（回転試験）

第10条　直径が100ミリメートル以上の研削といしについては，ロットごとに当該研削といしの最高使用周速度に1.5を乗じた速度による回転試験を行なわなければならない。

②，③（略）

（衝撃試験）

第13条　オフセット形といし（弾性といしを除く。以下，本条において同じ。）は，同一規格の製品ごとに衝撃試験を行わなければならない。

②〜⑤（略）

第4章　雑則

（表示）

第29条　研削盤は，見やすい箇所に次の各号に掲げる事項が表示されているものでなければならない。

1　製造者名

2　製造年月

3　定格電圧

4　無負荷回転速度

5　使用できる研削といしの直径，厚さおよび穴径

6　研削といしの回転方向

②研削といしは，製造者名，結合剤の種類および最高使用周速度が表示されているものでなければならない。

③前項の規程にかかわらず，直径が75ミリメートル未満の研削といしは，最小包装単位ごとに表示することができる。

④覆（おお）いは，使用できる研削といしの最高使用周速度，厚さおよび直径が表示されているものでなければならない。

　参考文献としては，中央労働災害防止協会発行『グラインダ安全必携＝研削といしの取替え・試運転関係特別教育用テキスト』があるので，ご一読願いたい。

電動工具の基礎知識

吉沢　昌二

ボッシュ株式会社　電動工具事業部　トレーニンググループ

1．電動工具（コード式）の基本構造

　電動工具には100Vのコンセントから電源を取るコード式と，電池の力で動かすバッテリー式の2種類がある。これらの電動工具を販売していくうえにおいては，まず，それぞれの基本的な構造について理解しておく必要がある。

　まずコード式の電動工具は，100V電源から送られる電気によって中に組み込まれているモーターが動き，様々な作業を行う。しかし，いくら電気が100％通っていても，仕事量としては100％の力を発揮することはできない。なぜなら，電気によってモーターが回転力に換わるとき，発熱したり，音が出たりするほか，発熱を抑える冷却機能が働くなどして，エネルギーを約30％ロスしてしまうためである。さらに削る，磨くなどの作業を行う際に発生するギアの摩擦抵抗が約10％加わるため，いくら最高に効率の良い電動工具を使用したとしても，最大で約60％の力しか発揮できないということになる。

　ここで覚えておいてほしいポイントは，「最高に良い環境で，最高に良い電動工具を使用した時でさえ作業効率としては約60％の力しか発揮できない」ということである。

　皆さんが担当されているユーザーの職場環境はいかがだろうか。例えば，遠いところから近くに電源を持ってくるために使用される電工ドラムは，コードをぐるぐる巻きのまま使用されているケースが多いと思われる。これはコイルをぐるぐる巻いているモーターと同じ状態にあり，電圧降下が起きるほか，時には発熱して機械の故障の原因にもなりかねない。このような環境下で電動工具を使用すると，作業効率は60％をはるかに下回ってしまう。

　そこでまず，ユーザーに対しては電動工具を売る前に，作業効率の改善から提案していくことを心がけていただきたい。そうすることで，電動工具は最大限の力を発揮でき，ユーザーのお役に立てるのである。

2．電動工具の冷却

　作業効率を改善するために重要なポイントの一つとして，「モーターを冷却する」という対策が挙げられる。電動工具にはあらかじめモーターを冷却するためのファンが内蔵されており，モーターと同じ回転数で回転することによって外部から空気を取り込み，内部を冷却する仕組みになっている（**図1**）。ここでチェックしていただきたいポイントは，ユーザーが空気取り入れ口を確保した状態で使用されているかどうかということである。空気取り入れ口は通常，本体の後部に設けられている，ここをふさいだ状態で使用してしまうと空気が取り込めず冷却できないため，結果として作業効率が悪くなってしまう。

　しかし，いくら空気取り入れ口を確保して作業していても，大きな負荷がかかる作業や長時間の連続運転

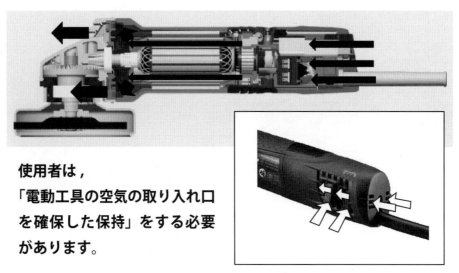

使用者は，
「電動工具の空気の取り入れ口
を確保した保持」をする必要
があります。

図1　モーター内部を冷却する仕組み

などで電動工具が熱くなる場合がある。そのような相談を受けたときは「冷ましてください」とアドバイス
するのだが，どうすればよいのかわからないユーザーもおられ，中には「冷蔵庫で冷やせば良いのか」とい
う方も過去にはいらっしゃった。

　それよりも効率よく冷やす方法がある。それは「無負荷の状態で100％の回転数にして，空気の取り入れ口・
排出口をふさがずに本体の冷却ファンを回して冷却する」という方法である。すなわち，空回し。こうする
ことで従来，電動工具自身が持っている冷却能力を最大限に発揮することができる。いくら熱くなった電動
工具でも時間にすれば2分くらいあれば十分冷却できるので，現場等でそのようなシーンに出くわしたと
きは是非ともアドバイスしてあげていただきたい。

3．バッテリー工具

　バッテリー工具は電源が文字通り充電式のバッテリーで，メーカーによって
はコードレス工具・充電工具などと呼ぶケースもある（**図2**）。現在，バッテリー
の主流はリチウムイオン電池となっている。リチウムイオン電池は充電管理が
容易で，高エネルギーかつ高密度で小型・軽量で効率が非常に良い特徴を持っ
ているからである。

　バッテリー工具のモーターは直流式のモーターを採用しているので，低回転
でも非常に大きなトルクを持っているのが特徴である。電気自動車の出足が非
常に速いのもそのため。バッテリー工具はこうしたパワーに加え，エネルギー
変換効率が高く，取り回しが良いことから，あらゆる職種で使用されるように
なってきた。

図2　バッテリー工具

　現在の電動工具の販売構成比でいうと，バッテリー工具はすでに70％に達している。電圧は10.8～
36Vまでたくさん発売されているが，主力は18Vクラスのコードレス工具で，工事現場などではコード式
工具にとって代わっている。また，100V・15Aという制約のあるコード式工具を上回るパワーを持つ製品
も登場している。

　バッテリー工具はモーターの発熱量が少ない上，移動して作業する使い方が多いため，発熱することは稀
だと思うが，万が一，熱くなってしまった場合は，コード式工具と同様に無負荷運転をしていただくようア

ドバイスしてほしい。

4．ディスクグラインダーを提案する

　砥石をセットして切る，磨く，削るといった作業を行うディスクグラインダーは，ものづくり現場のあらゆるシーンで活用されている。そのディスクグラインダーに対するユーザーニーズを当社が調べたところ，「性能」はもちろんのこと，それと同じくらい「安全性」に対する要求が強いということがわかった。特に「安全性」については，操作性にかかわる「重量」・「サイズ」より重要視されているのが実情である（**図3**）。

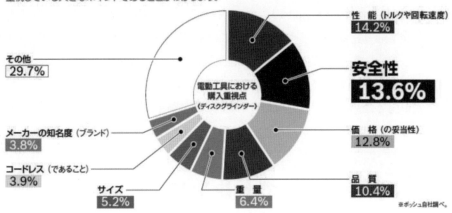

ユーザー調査の結果
「安全性」は、ユーザー調査の結果からも、プロユーザーがディスクグラインダーを購入する際に重視している大きなポイントであることがわかります。

- 性能（トルクや回転速度）14.2%
- 安全性 13.6%
- 価格（の妥当性）12.8%
- 品質 10.4%
- 重量 6.4%
- サイズ 5.2%
- コードレス（であること）3.9%
- メーカーの知名度（ブランド）3.8%
- その他 29.7%

電動工具における購入重視点（ディスクグラインダー）

※ボッシュ自社調べ。

図3　ディスクグラインダーのユーザーニーズ

　砥石外周上の1点が1秒間に進む速さのことを「周速度」というが，「毎分40㍍の周速度」とは一体，どれくらいの速さかご理解いただけるだろうか。実はこれを時速に換算すると，200km/hを超えている。この速度で刃物が回転しているのだから，安全面に神経を遣うのはもっともなことだと言える。

　そのため，ディスクグラインダーを使用する際には安全性を確保するための法令が定められている。それは，①事業者は砥石の交換・試運転について特別教育を受けた人に行わせる②試運転（無負荷で製品の最大回転で回す）は砥石交換時3分間以上，作業開始時1分間以上を行う③ディスクグラインダーで金属切断用砥石を使用する場合，切断砥石の両面を180度以上，カバーで覆う──といった内容である。もし，これらの法令を無視し，例えばカバーを外した状態で販売して事故が起こったとすると，販売した人が賠償責任を負う可能性もあるので注意してほしい。

　なお，この法令は国内に限ったことではあるが，海外ではより厳しい安全対策（国際規格）が求められている。例えば保護カバーについては「万一，保護カバーの位置がずれてしまう場合，90度以内になること」，「スイッチをON保持状態にするためには異なる2アクションを必要とし，OFFにする際には1アクションでできる」などであるが，ヨーロッパの一部の国では「使用者がスイッチ部を保持していない限り作動しない安全な構造でなくてはならない」という機械構造に対して厳しい要求の国も出てきている。

5．ディスクグラインダーのトラブル

　ディスクグラインダーは機械の性質上，使用する現場で様々なトラブルが発生する。例えば作業中に砥石が何らかの理由で破損した場合，保護カバーが動いて砥石が飛散してしまうケースがあるので，ユーザーにはグラインダー作業の前方はなるべく広いスペースをとっていただくことを勧めでほしい。また，切断砥石

で切断作業中，材料に砥石が挟まれ，大きな反動が来る「キックバック」や，ほかの作業者が電源を勝手に抜き差しすることによって起こる突然停止，突然始動も大きな事故につながりかねない。突然，電源が入るとグラインダーが暴れてコードが切断されたり，場合によっては足にも当たる可能性があるので注意が必要だ。このような危ない場面を見かけた場合，ユーザーに注意を喚起していくことも，営業マンとして非常に重要なことだと言える。

このようにディスクグラインダー作業における安全性の確保は，電動工具業界にとっても大きなテーマの一つとなっている。過去は厚生労働省指導のもと，直接的な事故事例から対応策がとられてきたが，現在では蓄積される疲労による健康被害を防ごうという取り組みも業界を挙げて取り組んでいるところだ。

電動工具は，持ち手を通じて身体に振動が伝わる。これが長時間続くと，健康に障害をきたす可能性がある。代表的な例として「白蝋病」（はくろうびょう）が挙げられる。白蝋病は発症すると指先の毛細血管が麻痺して血流が悪くなり，文字通り指が蝋（ろう）のようになることから命名された。昭和40年代に林業の労働者で多発したことでも有名な病である。そのような健康被害から守るために電動工具についても，メーカー各社が「振動3軸合成値」という数値を算出し，それをカタログ等で明記することになった。振動3軸合成値を定められた数式に当てはめると，1日当たりの振動ばく露量を割り出すことができるため，雇用者が従業員の健康管理をするうえで非常に有効となる。ユーザーから問い合わせがあった際は，カタログをめくって教示してほしい。

6．ディスクグラインダーのトレンド

最近は生産性の向上はもとより，高齢化社会に対応し，作業者の安全対策が大きなトレンドである。そのため，ディスクグラインダーでは安全対策機能を組み込んだ製品が増えてきている。複数の作業者が近くで作業する環境において，人的ミスからの事故を回避する機能として再始動防止機能を装備する製品，また切断作業で発生するキックバックに対してセンサー技術で製品を制御する機能を装備した製品が増加している。また近年では，安全のためスイッチの位置が常時保持する本体ボディ部に配置するデザインになってきている。

前述した振動ばく露量を少なくするためには，効率よく作業を終えることが理想となる。ディスクグラインダーで使用する砥石は，言うまでもなく使用するほど径が小さくなっていくが，径が小さくなると，グラインダーの回転するスピード，すなわち周速が落ちていく。そうなると比例して作業効率が落ちるのは当然のことである。しかし，径の大きな砥石の方が効率は良いため，ユーザーはできるだけ大きな径の砥石を使用したいというのが本音だと思われる。

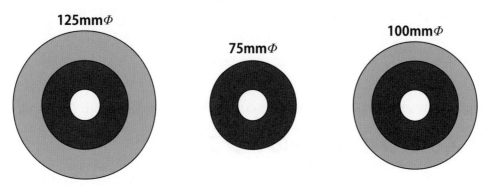

125mm の砥石の作業量は 2,681cm²　　**100mm の砥石の作業量は 1,275cm²**

図4　グラインダーの作業性

そこで，外径180mmの砥石を使って作業して，125mmまで径が小さくなった場合を考えてみよう。当然，それまで行っていた作業の効率はかなり下がるが，小さくなった砥石を別の用途で使用することは可能である。しかし，本体が大きすぎるため，125mmに適した狭い場所等での作業は不向きだと言える。

そのため，最近では100mmクラスのコンパクトボディーであるにも関わらず，125mmの砥石が取り付けられるディスクグラインダーが登場し，脚光を浴び始めてきた。例えば外径125mmになった砥石を75mmまで使用した場合，作業量（使用した面積）は2681cm²なのに対し，100mmの砥石で75mmまで使用すると，作業量は1275cm²と実に半分以下となる（**図4**）。つまり，125mmの砥石で作業すれば交換頻度が下がり，ランニングコストを大きく低減させることができるのである。本体の価格は100mm専用機に比べて若干高くなるが，最も高い人件費に対して，「生産性のない砥石の交換作業に費やす時間を削減する」という省力化の提案をしていただければ必ず売れるし，またユーザーにも喜んでいただけるはずだ。

7．提案で売れるディスクグラインダー

ディスクグラインダーには，他の電動工具には使われない「最大出力」という数値がある。測定方法の規則がないので，理解に苦しむところではあるが，一般的に最大出力とは，連続ではない負荷で作業できる最大のパワーのことを指す。この数値が大きいほど，大きな負荷がかかっても作業に十分な回転数を維持することができる。ちなみにディスクグラインダーの作業で最も負荷がかかるのは，ワークに接触する面積の多い研磨作業である（**図5**）。

図5　ディスクグラインダーの負荷（入力720W、最大出力960Wの製品例）

またディスクグラインダーには，「低回転・高トルク型」というタイプがある。ディスクグラインダーに無理をかけても回転数が落ちにくいため，フラップディスク（多羽根）での金属表面仕上げ作業やカップワイヤーブラシでの表面クリーニング作業，コンクリートの切り込み作業など重作業に最適である。

さらに「回転数変速式」は回転数を下げることで接触面の速度が下がり，対象物の温度上昇を抑えることができるため，ステンレス溶接面の仕上げ作業（焼けによる変色を発生させない），3mm以下の薄い金属板の仕上げ作業（熱変形を防ぐ），素材表面の鏡面仕上げ作業など，回転数を下げる作業が必要なユーザーに有効である。

8．ニーズ高まる作業プロセスの省力化・効率化

電動工具では長い歴史を持つディスクグラインダーだが，消耗品である砥石などの先端工具の交換作業のプロセスは，製品が誕生して以来同じであった。ドリルなどでは，先端工具の交換においてチャックハンド

図6-1　2モーションスイッチ

図6-2　パドルスイッチ

図6-3　パドルスイッチ部

ル（チャックキー）を使用していたものが，現在は道具を使わない「キーレスチャック」式へ進化し，作業の準備に要するプロセスの省力化が標準になった。

　ディスクグラインダーではこれまで，このような改善がなかったが，2019 年に旧来のスパナや固定ナットによる先端工具の固定方法から，工具不要のワンタッチで砥石を取り外すことができる「X-Lock」方式が誕生。これによって作業準備のプロセス省力化と，作業後の速やかな砥石の停止を行うブレーキが装備できるようになり，ディスクグラインダーを使う工程の省力化が具現化できた。

　安全に対しては，使用者が瞬時にディスクグラインダーのスイッチを切断するために，使用中に常時保持する位置にスイッチを配置し触れるだけで解除できるスライドスイッチや，保持するボディの外周部に大きく露出したパドルスイッチなどが登場。安全に配慮したスイッチ形状は多岐にわたるようになっている（**図6-1，2，3**）。

　このように，電動工具はカタログだけでなく，ユーザーの求めているニーズに対し的確に提案することで，さらなる拡販が見込める商材だと言える。

　是非とも多くの顧客が使用する道具なので，最も重要な「作業者の安全対策」と「作業プロセスの省力化・効率化」を重点的に顧客に提案し，信頼強化に利用していただきたい。

これも知っておきたい
基礎知識

溶接ジグ機械　編

堀江　健一
マツモト機械株式会社

Q **アーク溶接をするために，溶接機・トーチ・溶接ワイヤ・シールドガスを用意しました。これら以外に必要な道具はありますか。**

A 溶接品質維持や作業効率アップを目指すとなると，どうしても溶接ジグ機械の導入が必要となります。

Q **それでは，溶接ジグ機械にはどのようなものがあるのですか。**

A 溶接をシステム化するための溶接ジグ機械の中で，汎用的な製品を**表1**にまとめてみました。

溶接を円周溶接・直線溶接・ロボット溶接の3種類に大別し，説明していきましょう。まずは，回転ジグ機械のポジショナーから説明していきます（**写真1**）。

ポジショナーは，『パイプとパイプ』や『パイプとフランジ』などの円周溶接を施工するときに用いられます。ワークは，ポジショナーのテーブル上にチャックなどで固定します。テーブルの回転および傾斜機構を備えているので，任意の溶接姿勢を得られます。例えば，パイプとフランジのすみ肉部の円周溶接を施工する場合，テーブルを傾斜させることにより，トーチが下向きという溶接に最適な姿勢が容易に得られます。

また，リミットスイッチを取り付けて，溶接終了位置を検知させ，円周自動溶接に用いることができます。ポジショナーには，様々な機種があります。ワークの形状，寸法，重量，重心偏心，重心高さや溶接条件などを考慮して，ワークに最適なポジショナーを選択する必要があります。

さらには，ワークの位置決め用として，EV3軸ポジショナー（**写真2**）があります。このポジショナーは，昇降軸，傾斜軸，回転軸から構成されています。3軸ともモーター駆動で，かつインバーター制御していますので，滑らかな起動・停止動作が可能となっています。

表1　主な溶接ジグ装置

回転治具機械	ポジショナー、EV3軸ポジショナー、ターニングロール 2軸中空ポジショナー、パイプローラー、オープンチャック、 マックターン、昇降式3軸ポジショナー、ターンテーブル　など
直線装置、走行台車	マニプレーター、エアークランプシーマ、汎用直線溶接ロボット 溶接走行台車(レール走行式、自走式)　など
溶接周辺機器	トーチスタンド、溶接連動制御システム、溶接チャック 溶接線倣い装置、ウィービング装置、ワイヤ矯正装置 ペールパックワイヤ送給補助装置　など
ロボット用周辺機器	溶接ロボット用ノズルクリーナー、ロボット用ポジショナー ロボット用スライドベース、インデックステーブル　など
環境対策機器	溶接ヒューム回収装置　など

写真1　ポジショナ

写真2　EV3軸ポジショナ

写真3　ターニングロール

　大型ワークの場合，クレーンなどで姿勢を変えるのは非常に危険な作業で，EV3軸ポジショナーを用いると，安全かつスムーズに溶接ワークの位置決めが可能となり，溶接に最適な姿勢を容易に得ることができます。また，ティーチング位置決め機能を付加させると，あらかじめ作業順序通りにテーブルの停止位置を設定・記憶させ，1ステップボタンを押すごとに記憶させた作業位置を再生することができます。この機能により，溶接忘れの防止など作業効率アップにつなげることができます。

　このほか，2軸中空ポジショナーという回転ジグ機械もあります。これは，傾斜軸と回転軸の2軸を要したポジショナーです。チャック部分が中空になっていることが一番の特徴です。パイプフランジの円周溶接をする際，ほとんどの場合においてワークをチャックから取り外すことなく，一度のチャッキングで内面と外面の両方の円周溶接をすることが可能です。

Q タンクなどの大きな径のワークを回転させる場合，どのような装置を用いるのですか。

A そういう時には，ターニングロール（**写真3**）がおすすめです。
　タンクやパイプ，大型円筒型ワークの溶接，切断などの作業に用いられています。駆動台1台と従動台1台から構成されており，駆動台，従動台ともローラーが2個ついています。

Q ワークの直径が変わった時には，どうするのですか。

A 2個のローラーの輪間距離を近づけたり，離したりして調整を行い，直径の異なるワークに対応します。

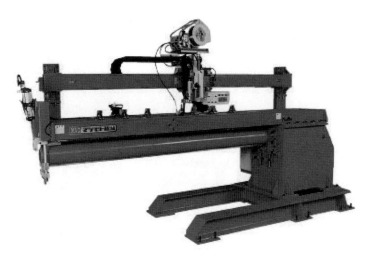

写真 4　エアークランプシーマ

写真 5　溶接ヒューム回収装置

Q ローラーはどのような材質で作られているのですか。

A 一般的に，ローラーは 2 枚の鉄輪でゴム輪がサンドイッチされた構造になっています。鉄輪で荷重を受け，ゴム輪の摩擦力でワークを回転させています。また，ワークに傷をつけたくない場合，ウレタン製のローラーに変えることも可能です。システム化の例としては，トーチスタンドやマニプレーターなどと組み合わせたものがあります。パイプや圧力容器，タンクなどの円周溶接や縦継（直線）溶接を行います。

Q 直線溶接用の装置には，どのようなものがありますか？

A 薄板／パイプつき合せ溶接装置『エアークランプシーマ』（**写真 4**）という装置があります。
エアークランプシーマは，薄板の突合せ直線溶接やベンディングロールで丸めた薄板を縦継溶接するときに用いられます。マフラーやタンクといったワークに適した装置です。
　装置本体のクランプ部に特殊ホースを内蔵し，ホース内の圧縮エアにより，分割された銅製のクランプ爪を動かし，ワークを上方から均一な力で押さえつけます。また，ワークをセットする金具をバッキング金具と呼んでいますが，水冷銅板を採用していますので，溶接中の熱ひずみを最小限に抑えることができます。
　また，バッキング金具には裏波溶接を行う際に必要なバックシールドガス用の穴をあけています。バッキング金具は溶接するワーク形状や材質によって，いろいろなタイプを用意しています。

Q ロボット溶接用の装置についても教えてください。

A ロボット溶接用の装置としては，各種ポジショナー，スライドベース，ロボットトーチ用周辺機器があります。
　ロボット用ポジショナー，スライドベースは，各ロボットメーカーのサーボモーターを搭載し，ロボットの外部軸として制御されます。溶接ロボットとの同期運転が可能となり，より複雑な形状のワークにおいても溶接することが可能となります。近年では，これらの周辺機器の位置決め精度を上げ，レーザ溶接用のロボットシステムも数多く製作しています。
　ロボットトーチ用周辺機器は 2 種類あります。1 種類目は，ワイヤ切断装置です。ワイヤ先端をカットし，

ワイヤ突出し長さを任意の長さにすることにより，アークスタート性を良くします。ロボットの開始点セン
サ使用時には，必ず必要な装置となります。

　2種類目は，スパッタ除去装置です。スパッタを除去せずに連続して溶接をおこなうとノズル先端にリン
グ状にスパッタが付着していきます。付着したスパッタによりノズル内面がふさがれてしまい，シールドガ
スを安定して供給できなくなってしまいます。ブローホールの原因となるためスパッタ除去は非常に重要で，
低速回転仕様のスパッタ除去装置は，強力なモーターで回転する刃物で固着したスパッタを除去し，その後
スパッタ付着防止液を塗布します。

　高速回転仕様のスパッタ除去装置は，回転するスプリングでスパッタを除去し，その後スパッタ付着防止
液を塗布します。独自に考案したスプリング式金具のフレキシブル性により，スプリング式金具とノズルが
噛み込む心配が軽減されます。

　ロボット溶接で自動化を図る場合，作業効率を考えて20キロ巻リール巻ワイヤではなくペールパックワ
イヤを用いることが多く，ペールパックワイヤ用の装置として，ペールパックワイヤ送給補助装置がありま
す。

　ペールパックワイヤを工場の隅に設置し，フレキシブルコンジットケーブル（以下フレコン）でワイヤを
送給する際，フレコン内の摩擦によって発生する送給抵抗が原因で，ワイヤの送給が安定しないことがあり
ます。ペールパックワイヤ送給補助装置は，ワイヤの送給を安定させ，アークスタートミスや溶接途中での
アーク切れを防止させます。フレコンが長くなった場合，特にその効果を発揮する装置となります。

Q 半自動溶接時，ヒュームが発生します。溶接ヒュームが体内に蓄積されると『じん肺』という病気に
なると聞きました。溶接ヒュームに関して，教えてください。

A 溶接ヒュームは，溶接または切断時の熱によって蒸発した物質が，冷却されて固体の微粒子となった
もので人体に入ると『じん肺』にかかる恐れがあるかなり有害な物質です。また，人体以外に，ロボッ
トや周辺機器にも悪影響を引き起こす恐れがあります。ロボットや周辺機器の隙間から内部に入ると可動部
分を痛めたり，ジグにヒュームがたまってワークのセット位置がずれてしまい，溶接不良を引き起こしたり
する恐れがあります。

　そういうわけで，溶接ヒューム回収装置（**写真5**）を用いて，ヒュームを発生源近くで的確に回収する必
要があります。人体にも機械にも悪影響を及ぼす溶接ヒュームを効率よく吸引し，働きやすい現場環境を構
築することが重要であります。

◇

　このように溶接ジグ機械を組み合わせてシステム化することにより，溶接作業の能率アップや品質アップ
につなげることができます。特に大量生産を実現したい場合には，システム化は必要不可欠となってきます。

　しかし，効率・品質を重視するあまり，イニシャルコストやランニングコストが高くなってしまっては導
入する意味がなくなってしまいます。また，効率を重視するあまり，安全性を軽視してしまうと事故発生に
つながってしまいます。システム化する場合には，効率・品質・コスト・安全性に関して，バランスよく考
えなければなりません。

　溶接ジグ機械に関して紹介してきましたが，これですべてではありません。溶接作業内容は，日々，複雑
化，多様化していっています。短納期かつ低コストを求められる場合もあれば，レーザ溶接装置のように高
位置決め精度を求められる場合もあります。様々な生産現場において，最適な溶接システムを構築するべく，
今後，ますますの溶接ジグ機械の開発が必要となります。

レーザ溶接　編

水谷　重人

コヒレント・ジャパン株式会社

Q レーザとは何ですか。

A レーザ（LASER）とは，Light Amplification by Stimulated Emission of Radiation（誘導放出による光増幅放射）の頭文字を取った造語であり，指向性，収束性，単色性といった特性をもつ光です。媒体となる材料によって固体レーザ（YAG やファイバーなど）やガスレーザ（炭酸ガス，エキシマなど）に分類され，それぞれをフラッシュランプや放電，更に半導体レーザなどを用いて励起することで，媒体独自の波長をもったレーザ光が発振されます。照射対象物や加工用途などに応じて，レーザの波長を使い分けたり，連続発振（CW 発振）やパルス発振などの発振方式を検討したりする必要があります。

Q レーザはどのような分野に使われていますか。

A レーザは熱加工，マイクロエレクトロニス分野での微細加工，計測，通信，ライフサイエンスおよびメディカル分野，そして最先端の研究開発分野など多岐に渡って応用されています。マイクロエレクトロニクス分野では，レーザアニーリングやプリント基板の穴あけ，Si ウェハのスクライビング，切断，ダイシングなど様々な分野で使われています。また，レーザ顕微鏡，バイオ検出および分析，視力矯正，歯科治療，製薬スクリーニングなど医療関係でも幅広く活躍しています。材料加工では，金属の溶接，切断，焼

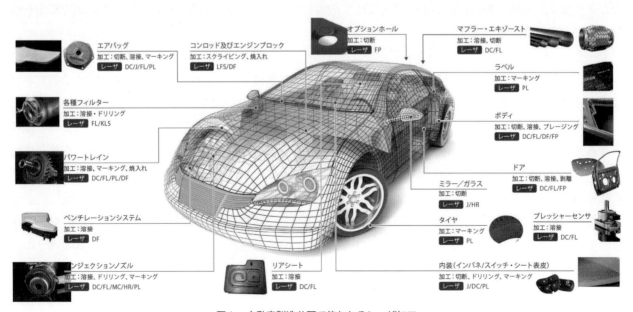

図1　自動車製造分野で使われるレーザ加工

き入れや肉盛溶接，アディティブマニュファクチャリング（AM），樹脂溶着などに使われています。特に自動車製造分野では，テーラードブランク溶接，車体やパワートレイン部品の溶接に多く使われ（**図1**），マルチマテリアル化の流れの中，既存の機械加工が難しくなっている材料に対して，レーザ加工が期待されています。特に，E-Mobility 分野においては，電池やモータの製造工程への適用拡大が注目されています。

Q **溶接にはどのようなレーザが適していますか。**

A 溶接の要件によって，異なるレーザが使われています。一般的な板金の溶接では，以前から炭酸ガスレーザ（10 マイクロメートル帯）が多く使われてきましたが，それよりも比較的に金属への吸収効率が高い 1 マイクロメートル帯の波長を持つ YAG レーザ（ランプ励起や半導体レーザ励起）が取って代わって主流となり，加工対象の材料の幅が広くなりました。今は更に小型で発振効率が高く，優れたビーム品質を持つファイバーレーザが主流となっています。細いビード幅で深溶込みが欲しい場合や，高エネルギー密度を要する高反射材料（銅やアルミなど）の溶接には，シングルモードファイバーレーザが適する場合が多いです。必ずしも優れたビーム品質が必要というわけではない場合もあり，炭酸ガスレーザもまだ多く使われています。また，深い溶け込みを形成するキーホール溶接とは対照的に，熱伝導的で浅く幅広いビードを要する場合やビード外観に優位性があるブレージング（ろう付）をする際には，半導体レーザが用いられることもあります。更に，低入熱で精密な溶接が求められる場合，高ピークパワーを出すパルス発振の YAG レーザが板金溶接用途や金型補修用途などで多く使われています。最近では銅などの材料に対して，加工対象材料の波長吸収特性に優位性をもつ可視光の波長をもった高出力レーザについて，解決するべき課題を含めて将来技術としての議論が進んでいます。

Q **レーザ溶接は他の方法と比べてどういう特徴がありますか。**

A 指向性，収束性，単色性といった特性をもったレーザ光は，光学系のレンズで極めて小さな点に集光することができ，その高密度エネルギーを熱源として，高速で深い溶込み溶接が可能であり，熱影響が少なく，ひずみの少ない溶接が可能となります。生産性と後工程削減という面などからコストメリットが見出せます。レーザは対象物の片側から非接触で材料にアクセスでき，対象物形状や溶接ビード形状の自由度が高くなります。焦点を長くとりガルバノスキャナーなどのミラーなどで光を走査することで，広範囲を高速で加工することができます。また，他工法に比べて消耗品が少ないことも挙げられます。一方で，小さく集光された光を用いるので，位置精度に対する要求が高くなったり，ギャップに対する裕度が低くなったりすることが他工法と比べると課題となり得ますが，トラッキングセンサーなどの周辺機器やクランプ機構付き加工ヘッドなどで課題対処可能です。一部では，レーザとアーク溶接を組み合わせたハイブリッド溶接も用いられ，速度や溶込み深さに優位なレーザと継手裕度に優位なアーク溶接の2つのメリットを活用する工法もあります。また，レーザ光とその反射光などにより火傷や失明といった危険性もあり，保護メガネや遮光設備が必須となり，加工現場の安全性を厳しく管理する必要があります。レーザ発振器は電気的に高精度で制御が可能であり，自動化も容易にすることができます。高い生産性と安定性を備えつつ，これまで専門性が求められてきた溶接技術の裾野を広げることができます。

Q **レーザ溶接はどのような分野に使われていますか。**

A レーザ溶接は，自動車製造分野，電子部品，鉄道車両，造船，重工業，そして板金加工など幅広い分野で適用されています。自動車製造分野では，ピラーやルーフなどの車体部品から，デフギアやトル

クコンバーターなどのドライブトレイン部品，更にはシート骨格やマフラーをはじめとする排気系部品など，多くの部品でレーザ溶接が使われています。レーザ溶接は熱ひずみが比較的少ない溶接方法であり，コンパクトな継手で軽量化を可能としながら剛性を上げることができます。ビード外観も美しく，局所的かつ連続的に強固な接合ができます。これまで溶接が難しかった 1.8GPa 級の超ハイテン材やアルミダイキャスト材などに対しても，レーザ光のエネルギー分布を制御する新たなプロセス開発により，安定した溶接が実現できるようになりました。更に接合技術としてブレージングなどは剛性とデザイン性が求められるようなルーフやトランクリッドなどで適用されています。パイプなどのプロファイル形状品と板金を溶接する場合や，溶接点のそばに熱影響を嫌う電子機器がある場合などは正にレーザ溶接が適している事例になります。金属パウダーやワイヤなどの溶加材を供給しながら手動で加工するといったマニュアル溶接機は，金型や工具の修復などや，摺動部品の耐摩耗性を高める目的に使われる場合もあります。これと同等技術が LMD（レーザ粉体肉盛）やクラッディングと呼ばれる工法になります。また，3次元造形の技術として，SLM（選択的レーザ溶融法）があり，今後，中空構造による軽量化などにより，自動車や航空機関連部品への展開が大きく期待されているところです。

Q レーザ溶接ヘッドとは何ですか。

A レーザ光を加工点で集光するのに光学系（加工ヘッド）が必要となります。光学素子の組み合わせにより，加工点でのレーザ集光径やワーキングディスタンスなどが決定されます。ズーム光学系や回折光学素子を用いて，加工に合わせた任意の集光形状やサイズを作ることもできます。高速で広範囲の加工を求める場合には，ガルバノスキャナーを用いたり，継手のギャップを補正したい場合にはクランプ機構を加工ヘッドに搭載させたり，加工要件によって種類は多種多様となります。光学系のダメージは，加工結果に大きく影響を与えますので，光学系保護のために，消耗品として保護ガラスを搭載します。クロスジェットやエアナイフと呼ばれるノズルがあり，圧縮空気を加工点と光学系の間で吹き，スパッタやヒュームを飛ばすということも行います。加工点に供給されるシールドガスでは一般的に不活性ガスであるアルゴンが多くの場合で使われ，加工点での酸化を防ぐと共にブローホールやスパッタなどの回避を目的とします。ただし，ランニングコストとなりますので，流量や供給方法などを最適化する必要があり，レーザ光と同軸またはサイドにノズルを構えるかは，シールド性に加え加工対象物との干渉なども考慮する必要があります。ヘッド先端には必要に応じて，フィラーワイヤや粉体供給のノズルを取り付けます。更に，狙い位置にレーザ光が照射されているかティーチング時に確認するためのカメラ光学系や，加工状態を監視するといったプロセスモニタリング用のカメラやセンサを搭載することもあります。

Q 溶接品質を安定させる方法はありますか。

A レーザ光が適正な位置に安定した状態で照射されている必要があります。まずはレーザ発振器の出力が安定していることが大前提となります。指令出力に対して実出力をモニタリングし，クローズドループで出力フィードバック機能をもたせることが重要になります。加えて最近では，加工材料や継手形状に最適なレーザビームの形状をカスタマイズすることで，溶接欠陥の少ない溶接が可能になっています。また，光学系の設計も重要です。適正な設計がされていないと光学収差やフォーカスシフトが発生し，加工点でのレーザ光がぼやけるような事象が起こり，溶接品質を著しく悪化させます。レーザ光の狙い位置を安定化させるためには，造管溶接やテーラードブランク溶接などの突合せ継手，フレア継手や重ねすみ肉継手などの検出にシームトラッキング機能（光学式や接触式など）があります。最近の自動車電動化においては技術革

新や生産性が求められているモータコイル（ヘアピン）溶接やバスバー溶接などでは，溶接前に画像認識技術を用いて，対象物の位置やズレを計算してレーザ照射位置の補正をする方法がもはや必須となっています。また溶接中（オンライン）に品質管理をする手法も多く開発されており，溶接中に発生するプラズマ光やレーザ反射光の検出，OCT 技術など多様な方法が論じられています。

Q 最新のレーザ溶接と今後期待される応用にはどういうものがありますか。

A 昨今の E-Mobility において，特に電気部品関係では短絡のリスクにより，スパッタレスが求められます。そこでモード可変技術が注目されています。コヒレント社では ARM 技術（**図2**）により，センターとリングの2層構造になっている光をそれぞれ独立制御することで，例えばリングビームで予熱および後熱，センタービームでキーホール溶接をしたり，リングビームで熱伝導溶接し，センタービームで溶融地制御をしたり，様々な加工最適化が可能になりました。スパッタ低減だけではなく，クラックなどの溶接欠陥が起きやすかったアルミ合金の溶接において，今まで必要としていたフィラーワイヤが不要となりました。更には，ダイキャスト材などの溶接や亜鉛メッキ鋼板のゼロギャップ溶接も可能となり，材料内部や溶融池内のガスを排出させる大きな溶融地を形成することもできます。また，異材接合においても，既存の入熱方法では金属間化合物により十分な強度を得られていなかったものを，高速ウォブリングという工法を用いることで，矩形の溶け込み形状を可能にし，浅く広く溶融させることで，十分な強度を得ることができます（**図3**）。これまでの接合技術の常識が光技術によって革新されています。

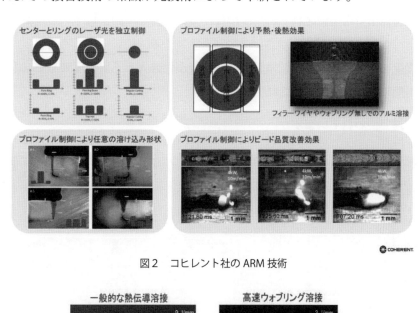

図2　コヒレント社の ARM 技術

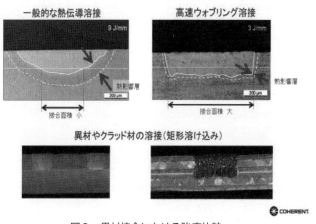

図3　異材接合における強度比較

エンジン溶接機　編

平澤　文隆
デンヨー株式会社

Q **エンジン溶接機とはどのような機械ですか。**

A エンジン溶接機は主に屋外の工事や作業において用いられ，エンジンによって発電機を動かしアーク溶接用の電源をつくる機械です。商用電源が必要ないため，屋外作業や大きな配電設備を得られにくい場所での作業に便利な機械です。また，エンジン，発電機，電源回路が一つの筐体に収まっているため移動しやすいのも特徴です。軽トラックでも運搬できる小型機から，トラッククレーンなどで昇降，運搬するような大型機まで，様々な製品があります。

さらに一般の交流電源出力も装備されており，溶接作業に必要な電動工具や一般電気機器を使うことができます。

最近では，エコ機能を強化した低燃費型の製品や，建設現場の人手不足を反映して初心者から熟練溶接士まで幅広い対応を可能にした製品が開発されています。

Q **どのような用途で使われていますか。**

A エンジン溶接機は，建設現場や土木工事現場以外に，パイプライン建設現場，プラントや工場の屋外設備の修理補修などでも使われています。

フェンスの溶接

ビニールハウスの組立・修理

建設物の溶接

産業機械、建設機械の現地修理に

重量鉄骨建設に

パイプラインの敷設工事及び一般配管工事に

図1　エンジン溶接機の主な用途

①タンクや管＝水道・ガス管，タンク，パイプ等の溶接では溶接欠陥のない高度な溶接技術が要求されます。安定したアークが維持できる高性能のエンジン溶接機が必要となります。

②重量鉄骨＝強度が必要な橋梁，船舶，建設車両，建築物の基礎工事などの溶接箇所は深溶け込みが得られる大型のエンジン溶接機が使用されます。

③軽量鉄骨＝サッシ・シャッター，門扉・フェンスへの溶接作業では，短時間に断続的に行う溶接作業が多くなるので，アークのスタート性が良好なエンジン溶接機が求められます。また，溶接部材が薄板になるので，小電流でもアーク切れが発生し難い性能が必要です。

Q エンジン溶接機の溶接法にはどのような種類がありますか。

A ①被覆アーク溶接＝一般的には手溶接と呼ばれ，ホルダでつかんだ溶接棒と母材との間にアークを発生させる溶接法です。エンジン溶接機本体の他は溶接ケーブルとホルダ，溶接棒があれば作業できるため，屋外での作業や，作業場が移動する現場には最適です。

また，溶接棒は外周に被覆剤が塗布されているためシールドガスが不要であり，屋外現場では風の影響を受けにくいこの方法が多く用いられています。

②炭酸ガスアーク溶接＝溶接部の保護とアークの維持に必要なシールドガスに炭酸ガスを用いる溶接法で，ワイヤ送給装置と溶接トーチを使い，ワイヤ先端と母材との間にアークを発生させ溶接を行う方法です。炭酸ガスアーク溶接専用のエンジン溶接機が製品化されています（**図2**）。

③ティグ溶接＝シールドガスとしてアルゴンガスを使用し，タングステン電極と母材との間にアークを発生させて溶接する方法です。

小電流でもアークが安定するので，極薄板の溶接も行えます。また，溶接ビードがきれいに仕上がるので，ステンレス溶接に多く使われています。ティグ溶接に必要なクレータ電流などの調整が行える専用のエンジン溶接機が製品化されています（**図3**）。

Q 溶接電源特性について教えてください。

A 溶接電流特性には，次の種類があります。

①定電流特性＝溶接中に手振れしてアーク長が変化しても溶接電流が変化しにくいので，初心者でもアーク切れしにくく，均一な溶接ビードに仕上がります。溶接ケーブルの長さによる電圧ドロップの影響も

図2　エンジン炭酸ガス溶接機

図3　エンジンティグ溶接機

115

受けにくいので，設定した電流値で溶接できます。また，アークスタート性の改善による作業性の向上機能として短絡電流を調整できる製品もあります。

②垂下特性＝垂下特性は溶接出力電圧の変化に比例して出力電流が減少・増加する特性です。微妙な手加減でビード幅，深さ，たれの調整がしやすくなります。また，アークスタート性がよく，アークのふらつきも改善されます。

1台の機械で定電流特性と垂下特性が切替え可能な製品や，垂下特性における溶接電流と電圧の変化の割合を変えられる溶接特性調整機能を持つ製品もあります。溶接姿勢や部材に合わせて設定することが可能です。

③定電圧特性＝定電圧特性は溶接電流が変化しても電圧が変化しにくい特性で，ワイヤによる溶接方法に用いられます。アーク長に応じてワイヤの溶融速度が変化し，結果的に常に一定のアーク長が保持されます。

Q **エンジン溶接機の補助電源とはどのような機能ですか。**

A エンジン溶接機から出力される補助電源（交流電源）は，機種によって単相100Vのみ出力する製品と，単相100Vと三相200Vの両方を出力する製品とに分かれます。

単相100Vを出力する製品の中には，インバータ制御装置を内蔵して，電源波形をきれいにする製品もあります。この場合，電圧や周波数が安定するので，電子制御している機器などでも安心して使うことができます。

Q **エンジンの種類と安全性能・環境性能について教えてください。**

A ①駆動エンジン＝溶接用発電機を動かすエンジンにはガソリンを燃料とするガソリンエンジンと軽油を燃料とするディーゼルエンジンの2種類があります。

ガソリンエンジンは小型軽量で可搬性に優れた特徴を持ち，溶接電流190A以下の小型機で用いられてい

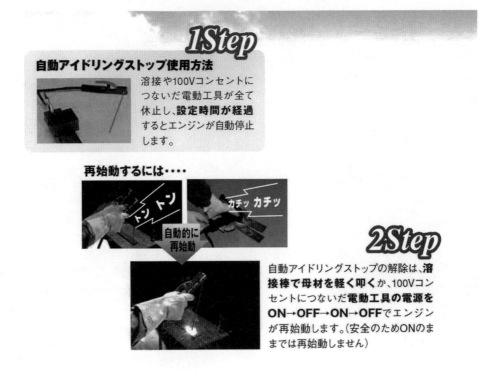

図4　自動アイドリングストップ使用方法

ます。

　一方でディーゼルエンジンは質量は大きくなりますが，耐久性があり，ランニングコストが安いことも特徴です。溶接電流 200A 以上の大型機で用いられています。

　②電撃防止機能＝エンジン溶接機は直流溶接機なので，電撃防止装置の設置義務はありませんが，作業者の安全を考慮し，電撃防止機能を設けている製品が増えています。

　③短絡継続保護機能＝溶接棒が 1 秒以上短絡継続すると，出力電流を 15A 程度まで低下させる機能です。溶接棒が固着しても赤熱することなく簡単に取れるため，作業効率が向上します。

　④スローダウン機能＝屋外作業では，作業場所の移動や段取り作業などで溶接作業を休止することがあります。この溶接作業休止中にエンジンの回転速度を下げる機能がスローダウン機能です。エンジン回転速度を下げることで，騒音の発生や燃料消費を抑えることができます。

　⑤エンジン回転制御＝溶接作業中のエンジン回転速度は，一般的にその機械の定格出力回転で運転し十分な電力が得られるように作られています。

　エンジンの出力に余裕が有る場合は必要な電力に応じて無段階回転を制御する製品があります。

　無段階回転制御では作業する溶接電流に応じたエンジン回転速度で制御します。作業に応じた回転制御なので，騒音の発生や燃料消費を抑える上で優れた機能と言えます。

　⑥自動アイドリングストップ機能＝溶接作業を休止すると自動的にエンジンを停止する機能です。また，溶接作業を再開する場合は母材に溶接棒をタッチするなどの簡単な作業だけで離れた場所からでもエンジンを自動始動できるように工夫されています。

　エンジンの無駄な運転時間が無くなることで，燃料消費ばかりではなく排出ガスを削減できる機能です。

　⑦環境ベース＝燃料やエンジンオイルなど油脂類の流出を防ぐ構造で，環境対策として有効です。給油の際に燃料がこぼれた場合でも周囲を汚すことなく，環境保護が求められる現場でも安心して作業に従事できます。

　⑧排ガス・低騒音の指定制度＝エンジンの排出ガス成分および黒鉛の量が国土交通省の定める基準以下の製品は排出ガス対策型建設機械として指定されます。国土交通省の直轄工事では指定を受けた機械が必要です。現在は第三次基準が運用されています。

　また，エンジン溶接機から発生する騒音値が国土交通省の定める基準値以下の製品は超低騒音型建機として指定されています。

　⑨ NETIS＝NETIS とは，新技術に関する情報を一般に広く共有・提供する事で活用促進と一層の技術向上を目的とした国土交通省のシステムです。

　新技術を活用しているエンジン溶接機は登録製品となっています。公共工事等において NETIS 登録技術を採用すると，技術提案評価の基準となる技術評価点の向上が見込めます。

非破壊検査　編

篠田　邦彦
非破壊検査株式会社

Q 非破壊試験とはどのような技術ですか。

A 　非破壊試験とは，素材，機器，構造物の品質管理や品質保証の手段として用いられる方法で材料，製品，構造物などの種類のいかんにかかわらず，試験対象物をきずつけたり，分解したり，あるいは破壊したりすることなしにきずの有無とその状態，あるいは対象物の性質，状態，内部構造などを知るために行う試験全体を指していう言葉です。

Q 非破壊試験の目的および実施時期はいつですか。

A 　非破壊試験を適用する目的と実施時期は，大きく次のように分類されます。
　①構造物および製品などに製造過程できずが発生していないか，また製品の品質が決められたレベルを満足しているかを調べる目的で使われている。
　②一定期間の使用あるいは運転後の検査では，使用中にきずが発生していないか，またそのきずにより構造物および製品が破壊に至ることがないかを調べる目的で使われている。
　これらからも分かるように，構造物および製品の破壊による事故を防ぎ，安全を確保する手段として，非破壊試験の役割は重要である。

Q 非破壊試験はどのような分野で使われますか。

A 　非破壊試験は非常に多くの分野で使われています。
　特に，重要なプラントである火力・水力・原子力発電所，石油精製，石油化学，ガスなどの設備はもとより，橋梁・道路・ビルなどの社会インフラ，鉄道・航空機・船舶・ロケットなどの輸送機器，鋳造品・鍛鋼品・鋼板など種々の工業製品を対象に，様々な手法の非破壊試験が適用されています。
　このように安全性，健全性を確保する必要のある，あらゆる製品，構造物などに適用されていると言えます。

Q 非破壊試験にはどのような方法があり，どのように使い分けられていますか。

A 　非破壊試験を有効に行うためには，その目的と対象物の状態に適った方法を適用することが必要です。
　そのため，非破壊試験手法としては多くの種類が実用化されています。図1に代表的な非破壊試験方法の種類を示します。図1に示した手法以外にも，多くの手法があります。また，これらの代表的な方法でも，改善改良あるいは新しい応用技術が開発されつつあり，進化し続けています。
　非破壊試験手法は，それぞれ特性が異なります。例えば，きずの検出に関して言えば，きずの位置や形状

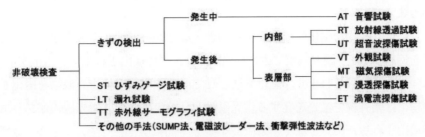

図1　非破壊検査方法の分類

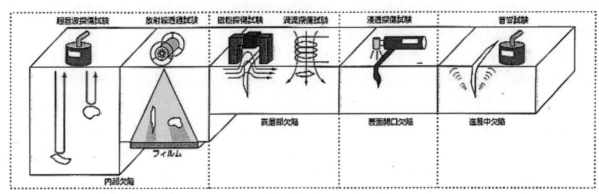

図2　非破壊検査方法の原理

などにより，最適な方法が異なります。したがって，非破壊試験を適用するときは，その目的を予め明確にした上で，最適な方法を選択することが重要です。

　非破壊試験はいろいろな目的で実施され，いずれの場合でも，非破壊試験を適用して何の情報を得ようとしているのかを，まず最初に明確にしておかなければなりません。

　そのためには，例えばきずを検出する場合，試験をしようとしている対象物の要求品質を明確にし，次に，その試験部に発生する可能性のあるきずを知り，そのきずの許容限度を明らかにした上で，それらのきずを確実に検出できるような試験方法と試験条件を選定しなければなりません。

　また，試験の実施に際しては，必要な技量を有する試験技術者が十分な性能を備えた試験機器を用いて，十分検討された手順書に従って，適切な試験箇所を選んで行わなければなりません。

Q **各種非破壊試験法の特徴は何ですか。**

A　図1のうち，外観試験を除くきず検出の原理を図2に示します。

　　超音波探傷試験は，高周波の超音波を検査対象物に伝搬させ，きずや裏面（入射面と反対側の端面）などからの反射波を検出し，信号の有無からきずを検出し，信号振幅や伝搬時間から評価します。検査対象物表面に垂直に超音波を伝搬させる垂直探傷法と，斜めに伝搬させる斜角探傷法があります。超音波の伝搬方向に対して垂直で大きなきずほど大きな信号が得られます。試験結果はリアルタイムに得られますが，きずの形状や種類の判断が困難な場合もあります。また，超音波が伝搬しにくい材料や，複雑形状の対象物の検査は事前の検証が必要な場合もあります。

　放射線透過試験は，エックス線やガンマ線を検査対象物に照射し，透過したエックス線やガンマ線をフィルムで検出して，内部のきずや状態を撮影します。結果が画像として得られ，きずの形状，寸法，種類などが推定できます。ただし基本的にきずの深さは分かりません。また，鉛や厚い物など放射線が透過しにくい

対象物は，撮影が困難です。

　磁気探傷試験は，検査対象物を磁化して表面近くのきずなどから漏洩する磁束を検出する方法です。磁粉という微細な鉄粉を適用すると，漏洩磁束に磁粉が吸着し，きずが検出されます。磁化する必要があるため，適用できる材料は強磁性体に限られます。磁化方法としては，電磁石で検査対象物を磁化する極間法がよく用いられます。磁粉には紫外線で蛍光を発する蛍光磁粉と，着色された非蛍光磁粉があります。磁束と直交する向きのきずが検出されるため，少なくとも直交する２方向に磁化させて，全方向のきずを検出します。

　渦電流探傷試験は，交流を流したコイルの近くの導体に発生する渦電流を利用します。表面付近にきずがあると渦電流が変化し，これを捉えることで，きずが検出されます。導電性の材料に適用でき，非接触で実施できるので，棒や管などを高速で検査できます。

　浸透探傷試験は，表面に開口したきずの内部に浸透した浸透液が，現像剤により表面に染み出されて形成するきず像を観察してきずを検出する方法です。赤色の浸透液に白色の現像剤を用いて明所で観察する方法と，蛍光を発する浸透液を用いて暗所で紫外線を照射して観察する方法があります。どのような材料にも適用可能ですが，多孔質な物には適用できません。また，検出できるのは表面に開口したきずに限られます。

　音響（アコースティックエミッション）試験は，材料中のきずなどで発生した音響を検出する方法です。きずが発生した場合や，既に存在するきずが成長すると，高周波の弾性波を発します。これを音響センサで検出することで，材料の監視ができます。複数のセンサーを用いて，音源の発生位置が求められます。

 非破壊試験のために必要な資格は何ですか。

 非破壊試験を現場で実施するには，資格を保有することが必要です。基本的な資格としては，JISZ2305「非破壊試験技術者の資格及び認証」に基づいて，日本非破壊試験協会が認定している資格があります。

　春と秋に行われる試験に合格し，登録すれば資格を保有できます。**表1**に JISZ2305 で認定される資格の種類を示します。JISZ2305 では既に述べた放射線透過試験(RT)，超音波探傷試験(UT)，磁気探傷試験(MT)，浸透探傷試験（PT），渦電流探傷試験（ET），ひずみゲージ試験（ST），赤外線サーモグラフィー試験（TT），漏れ試験（LT）の８種目について，レベル１，２および３の資格認証が定められています。

　年２回の試験では全国で多くの受験者が受験していますが，前回（2019年秋）の合格率はレベル１で約39%，レベル２で約27%およびレベル３で約11%であり，決してやさしい試験ではありません。しかしまずはこの関門を通過することが，非破壊試験の仕事に従事するために要求されます。

　2019年10月時点で，登録されている資格者数は，全レベルを合わせて8万6449人に上ります。その中でレベル２が6万1898人と最も多くなっています。

　これ以外では，鉄筋圧接部検査，建造物の鉄骨溶接部の検査など，対象物に特化した資格もあり，これらが要求されるケースもあります。

 非破壊試験技術者として何が重要ですか。

 非破壊試験技術者となるには，まず先述した資格を取得することが第一歩です。次に必要なことは，現場実務を習得することです。

　それには，手法の異なる各非破壊試験技術に習熟するとともに，それを適用する対象物について，材料，製造方法，使用方法および発生するきずなどについて十分な知識を持つことが必要です。

　非破壊試験技術者は自らの行う業務の重要性を認識し，日々自己研鑽に努めることが必要です。

表1　JISZ2305 による資格認証の非破壊試験方法

非破壊試験方法	略号	認定レベル
放射線透過試験	RT	
超音波探傷試験	UT	
磁気探傷試験	MT	
浸透探傷試験	PT	レベル1、2及び3を認定
渦電流探傷試験	ET	レベル3が最上位の資格※
ひずみゲージ試験	ST	
赤外線サーモグラフィ試験	TT	
漏れ試験	LT	

※　赤外線サーモグラフィ試験レベル3は、現在実施に向け準備中

おわりに

　非破壊試験の概要としてその役割や原理について，溶接関連業界を職業とされる方々を対象に述べました。将来皆さんがこの分野で立派な営業マンとなることに少しでも寄与できれば幸いです。

　今回ご紹介しました非破壊試験技術の領域は広く，対象物も様々ですし，その重要性もますます増大しています。また技術も日々進歩していますが，まず基礎的な技術の習得から始めることが肝要です。今の初心を大切にして，たゆまぬ努力を継続し信頼される営業マンとなられることを期待します。

クレーン・ホイスト　編

株式会社キトー

Q　クレーンの定義は。

A　「クレーン」は法規上「荷を動力を用いてつり上げ，およびこれを水平に運搬することを目的とする機械装置をいう」と定義づけられています。しかし，これらの要件を満たしていてもつり上げ荷重が0.5トン未満の場合や荷を人力でつり上げるものは，クレーンに該当しません。「つり上げ荷重」にも定義がありますが，ここでは簡単に「フック + つり具 + 荷」とします。

　一般的に「クレーン」と聞いてまず思い浮かべるのは，建築現場で見掛けるトラッククレーンやラフテレーンクレーンではないでしょうか。これらのクレーンは，法規上「移動式クレーン」に分類されます。参考までに「移動式クレーン」の定義は，「原動機を内蔵し，かつ不特定多数の場所に移動させることのできるクレーンをいう」となっています。ここでは，法規上の「クレーン」について解説します。

Q　ホイストとは何ですか。

A　クレーンの定義に「荷を動力を用いてつり上げ」とあります。この「つり上げ」に該当する機械装置が「ホイスト」です。ホイストは次のように定義付けられています。
　「単体のユニットとして作られた横行駆動装置をもつ（又はもたない）巻上げ機構」

Q　クレーンやホイストの種類はどのようなものですか。

A　クレーンやホイストの種類は，荷のつり上げ方法や水平に運搬するための手段によって多岐に分けられています。ここでは代表的な種類に絞って紹介します。

　◆クレーンの種類は，水平に運搬する手段によって分けられます。

　▽走行駆動するクレーンにおいて，駆動装置が天井近くの走行レールに懸垂されているものを「ローヘッド形天井クレーン」（サスペンション形，**写真1**）

　▽駆動装置が天井近くの走行レール上を走行するものを「オーバーヘッド形天井クレーン」（トップランニング形，**写真2**）

　▽走行レールが床に敷設され，クレーンが門形に組立てられているものを「橋形クレーン」（**写真3**）

　▽走行駆動装置がなく，横行駆動装置と横行レールのみのクレーンを「テルハ」と呼びます。

　◆ホイストを取付けたジブが旋回するものを総称して「ジブクレーン」と呼びますが，旋回中心の固定方法によって次のように分けられます。

　▽自立形の柱に取付けられているものを「ピラー形ジブクレーン」（**写真4**）

写真1

写真2

写真3

写真4

▽建築物の柱や壁に取付けられているものを「ウォール形ジブクレーン」と呼びます。

◆ホイストの種類は，機械構造によって分けられます。

▽チェーンでつり上げるものを「チェーンブロック」（チェーンホイスト）

▽ワイヤロープでつり上げるものを「ロープホイスト」と呼びます。

◆クレーンへの取付け方法からも種類が分けられます。

▽クレーンにホイストを取付けている梁をガーダやジブと呼びますが，そのガーダから懸垂した状態で固定されているものを「懸垂形」

▽懸垂した状態で横行するものを「懸垂形横行式」

▽２本のガーダの上で固定されたものを「据置形」

▽２本のガーダの上を横行するものを「ダブルレール形」と呼びます。

今回は，代表的な種類のみの紹介となりましたが，当社ホームページ（https://www.kito.co.jp）でクレーンの種類や技術情報，さらには法規について掲載しておりますので，ご覧ください。

Q クレーンを操作するために必要な資格は何ですか。

A クレーンの操作は，誤ると重大事故につながる危険な作業です。そのため，つり上げ荷重に見合い，さらにはクレーンの操作方法により異なる資格を取得する必要があります（**表1**）。

作業の対象となる資格を必ず取得し，安全作業を心掛けてください。

また，つり上げ荷重 3t 以上のクレーンを製造する事業所は，所轄の労働局から「製造許可」を受けなければなりません。

資格や許可は，大変重要ですので必ず覚えていただきたい事項となります。

Q **最近のクレーン市場の動向はどのようなものですか。**

A 日本では近年，作業の分業化，労働環境の改善，安全作業の徹底の結果として，小容量域のクレーンへ需要がシフトしてきました。また，人件費を削減するために自動制御や IT を駆使した省人力化も進んでいます。

一方，海外に目を向けると，東南アジアなどの発展途上国では，先進国と比較し設備投資が十分でないことや工場の規模が大きいことから，依然として大容量域のクレーンの需要が多い状況です。しかし多くの日系企業が進出していることから，今後は小容量化や自動化のニーズが高まってくると予想します。

また，人件費の上昇もあることから，生産性に重点を置くことが多くなってきています。その場合，工場のクレーンレイアウトの良し悪しが大きく影響することから，ユーザーニーズをしっかり聞き取り，適切なクレーンレイアウトの提案を行っていくことが重要となってきます。

当社では，海外の拠点となる新工場設立プロジェクトにご協力させていただく機会が多くなっていますが，大容量から小容量，手動から自動まで，様々なニーズに対して最適なご提案をさせていただくことができますので是非ご相談ください。

MEMO

MEMO

MEMO

溶接機器・材料・高圧ガスの基礎知識

—— 溶材商社営業マン向けスキルアップ読本 ——

発 行 日	令和2年10月20日　初版第1刷
編集・発行所	産報出版株式会社
	〒101-0025　東京都千代田区神田佐久間町 1-11　産報佐久間ビル
	TEL 03-3258-6411　FAX 03-3258-6430
印 刷・製 本	株式会社ターゲット

©SANPO PUBLICATIONS, 2020 / ISBN978-4-88318-059-2-C3057